Tasty Food
食在好吃

帮孕产妇
配好一日三餐

杨桃美食编辑部 主编

江苏凤凰科学技术出版社

图书在版编目（CIP）数据

帮孕产妇配好一日三餐 / 杨桃美食编辑部主编 . ——
南京 : 江苏凤凰科学技术出版社 , 2015.7（2019.11 重印）
（食在好吃系列）

ISBN 978-7-5537-4482-7

Ⅰ . ①帮… Ⅱ . ①杨… Ⅲ . ①孕妇 – 妇幼保健 – 食谱
②产妇 – 妇幼保健 – 食谱 Ⅳ . ① TS972.164

中国版本图书馆 CIP 数据核字 (2015) 第 091487 号

帮孕产妇配好一日三餐

主　　　编	杨桃美食编辑部
责 任 编 辑	樊　明　　葛　昀
责 任 监 制	方　晨

出 版 发 行	江苏凤凰科学技术出版社
出版社地址	南京市湖南路 1 号 A 楼，邮编：210009
出版社网址	http://www.pspress.cn
印　　　刷	天津旭丰源印刷有限公司

开　　　本	718mm×1000mm　1/16
印　　　张	10
插　　　页	4
版　　　次	2015 年 7 月第 1 版
印　　　次	2019 年 11 月第 2 次印刷

标 准 书 号	ISBN 978-7-5537-4482-7
定　　　价	29.80 元

图书如有印装质量问题，可随时向我社出版科调换。

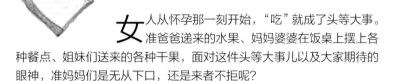

女人从怀孕那一刻开始，"吃"就成了头等大事。准爸爸递来的水果、妈妈婆婆在饭桌上摆上各种餐点、姐妹们送来的各种干果，面对这件头等大事儿以及大家期待的眼神，准妈妈们是无从下口，还是来者不拒呢？

其实，"一人吃，两人补"的观念并不正确。怀孕女性每日摄取均衡而且充足的营养、维持适当的体重增加，是孕期饮食最重要的原则。现代孕妇的问题是营养过剩，而不是营养不够。然而"营养过剩"会造成体重增加太多，间接导致许多并发症，如妊娠毒血症、妊娠糖尿病、难产等，也会引起日后的肥胖，造成身材恢复困难。因此，正确的饮食才是确保孕妇和胎儿健康的首要任务。

迎接新生命是喜悦的，当众人把目光集中在健康、可爱的小宝宝身上时，别忘了这是妈妈们历经害喜、腰酸、水肿、焦虑以及身材走样而来的。坐月子是可以让妈妈们好好休息，重新把身体调养好的一个方式。新妈妈们千万不可掉以轻心，这段时间的调养正确与否，关系到之后的身体健康。

本书提供了孕期不同阶段适合孕妇的营养食谱和饮食建议，还为新妈妈搭配了月子餐，是一本放心可用的营养食谱。祝所有的妈妈吃得开心、营养健康！

目录

上篇
帮孕妇配好三餐饮食

下篇
产妇的月子餐

单位换算

固体类
1大匙=15克
1小匙=5克
1茶匙=5克

液体类
1茶匙=5毫升
1大匙=15毫升
1小匙=5毫升
1杯=250毫升

为孕妇设计的每周饮食

第一孕期（怀孕 14 周以前）

早餐吃得好，中餐吃得饱，晚餐吃得少

食补重点

★早餐

以肉类和内脏类等富含蛋白质的食物为主。

★中餐

多吃低脂、高蛋白食物，如海鲜类，并搭配蔬菜、水果。

★晚餐

以清淡食物为主，避免进食大鱼大肉。过度精致和加工的食品，易造成某些营养素流失，可能导致胎儿营养不良。

营养需求

怀孕初期需要补充适量的营养素，尤其要多摄取富含动物性蛋白质、锌、铁、叶酸的食物。

特效食材

紫菜、海带、黄豆、西红柿、芝麻、绿叶蔬菜

食疗目的

❶ 帮助胎儿健康成长、发育。

❷ 避免怀孕初期因为缺乏锌而感到倦怠，或有早产的情况。

❸ 预防孕妇产生贫血的现象，同时促进胎儿神经系统的发育。

营养需求表

一般怀孕女性每日营养素建议摄取量（中国居民膳食营养素参考摄取量DRIs）

营养素	每日建议摄取量
蛋白质	体重/千克×(1克 ~ 1.2克)+10克
锌	12毫克+3毫克
铁	15毫克
叶酸	0.4毫克+0.2毫克

第一孕期营养师一周饮食建议

时间	早餐	午餐	点心	晚餐
周一	蛤蜊麦饭/21页 南瓜蘑菇浓汤/68页	米饭3/4碗 柠檬鳕鱼/40页 香菇炒芦笋/46页	葡萄干腰果蒸糕/72页	南瓜米粉/24页 银鱼紫菜羹/66页
周二	枸杞子燕麦馒头/25页 美颜葡萄汁/73页	黄金三文鱼炒饭/22页 竹荪鸡汤/68页	红豆杏仁露/69页	米饭3/4碗 丝瓜炒蛤蜊/40页 蒜香龙须菜/46页
周三	鲜味鸡汤面线/23页	排骨糙米饭/20页 枸杞子炒圆白菜/44页	安神八宝粥/70页	米饭3/4碗 黄瓜炒肉片/42页 凉拌菠菜/45页
周四	土豆煎饼/26页 芝麻香蕉牛奶/72页	米饭3/4碗 彩椒鸡柳/43页 碧玉白菜卷/44页	蜜桃奶酪/71页	海带糙米饭/20页 紫菜玉米排骨汤/67页
周五	香甜金薯粥/22页 坚果拌芦笋/47页	三文鱼意大利面/26页 胡萝卜炖肉汤/67页	藕节红枣煎/70页	米饭3/4碗 牡蛎豆腐羹/41页 黑木耳炒芦笋/47页
周六	南瓜养麦馒头/25页 核桃糙米浆/73页	米饭3/4碗 红曲猪脚/42页 黑木耳炒芦笋/47页	甘麦枣藕汤/69页	高纤苹果饭/21页 芝麻虾味浓汤/66页
周日	什锦海鲜汤面/24页	米饭3/4碗 蘑菇烧牛肉/41页 河虾拌菠菜/45页	松子红薯煎饼/71页	米饭3/4碗 豌豆炒鸡丁/43页 香蒜南瓜/48页

第二孕期（怀孕 15 ~ 28 周）

规律饮食，营养均衡、多元化

食补重点

早餐丰富、午餐适中、晚餐少量，三餐定时、定量。

每天吃多种不同类别的食物，可以兼顾营养均衡。

营养需求

怀孕中期，孕妇特别要注意蛋白质、叶酸、镁、碘、硒、B族维生素、维生素C、维生素D、维生素E等营养的额外摄取，并避免吃垃圾食物。

特效食材

肉类、豆类、乳制品、柑橘类水果、深绿色及黄色蔬果。

食疗目的

❶ 让胎儿正常发育（骨骼发育），并预防孕妇出现贫血现象。

❷ 预防胎儿发育不良，以免体重偏低、早产，严重时甚至会导致死亡。

❸ 有助于减缓孕妇怀孕期间，在夜间和清晨出现手脚抽筋的症状。

营养需求表

一般怀孕女性每日营养素建议摄取量（中国居民膳食营养素参考摄取量DRIs）

营养素	每日建议摄取量
蛋白质	体重/千克 ×(1克 ~ 1.2克)＋10克
叶酸	0.4毫克＋0.2毫克
B族维生素	成年女性每日建议量(0.9~1.3毫克)＋0.2毫克
维生素D、维生素E	0.01毫克＋0.005毫克、12毫克＋2毫克
镁、碘、硒	355毫克、0.2毫克、0.06毫克

第二孕期营养师一周饮食建议

时间	早餐	午餐	点心	晚餐
周一	三文鱼饭团/31页 莓果胡萝卜汁/78页	杏鲍菇烩饭/27页 培根四季豆/48页	燕麦浓汤面包盅/74页	米饭1/2碗 甜椒三文鱼丁/50页
周二	鲭鱼燕麦粥/29页 水果1份	米饭3/4碗 仔鱼煎蛋/49页 炒嫩油麦菜/53页	冰糖参味燕窝/75页	南瓜面疙瘩/32页
周三	黑豆燕麦馒头/33页 酸奶葡萄汁/78页	养生红薯糙米饭/27页 香菇茭白/54页	红豆莲藕凉糕/75页	米饭1/2碗 鲜炒墨鱼西蓝花/51页
周四	燕麦瘦肉粥/30页 水果1份	米饭3/4碗 葱爆牛肉/51页 清炒山药芦笋/52页	葡汁蔬果色拉/76页	鲜虾炒河粉/33页
周五	黑芝麻糯米粥/29页 水果1份	核桃炒饭/28页 清炒黑木耳银芽/55页	高纤苹果卷饼/76页	米饭1/2碗 萝卜丝炒猪肉/52页
周六	小鱼胚芽粥/30页 水果1份	米饭3/4碗 红烧鲷鱼/50页 香菇烩白菜/54页	红枣枸杞子黑豆浆/77页	米饭1/2碗 高纤蔬菜牛奶锅/49页
周日	牡蛎虱目鱼粥/31页 水果1份	梅子鸡肉饭/28页 蚝油芥蓝/53页	鲜果奶酪/77页	高纤时蔬面疙瘩/32页

第三孕期（29 周以后）

以清淡、营养为主，宜降低盐分摄取

食补重点

此时期孕妇食欲增加，饮食原则应该以清淡、营养为主。

注意降低盐分的摄取，以免加重四肢水肿的情形，引发"妊娠高血压"。

营养需求

第三孕期适当增加蛋白质、钙质及必需脂肪酸的摄取，同时适当限制碳水化合物和脂肪的摄取。

特效食材

牛奶、全谷类、黑豆、黄豆、黑木耳、黑芝麻、杏仁

食疗目的

❶ 除了使胎儿的体重增加外，还有益于胎儿其他组织的生长。

❷ 提供孕妇与胎儿产生充足的血红蛋白，并能帮助胎儿健康发育。

❸ 防止孕妇有小腿抽筋或牙齿受损的现象发生。

营养需求表

一般怀孕女性每日营养素建议摄取量（中国居民膳食营养素参考摄取量DRIs）

营养素	每日建议摄取量
蛋白质	体重/千克×(1克 ～ 1.2克)＋10克
铁质	15毫克＋30毫克
钙质	1200毫克
维生素B1	1.1毫克＋0.2毫克

第三孕期营养师一周饮食建议

时间	早餐	午餐	点心	晚餐
周一	花生百合粥/36页	滋补腰花饭/35页 红豆白菜汤/79页	香橙布丁/79页	米饭1/2碗 干贝芦笋/57页 红茄绿菠拌鸡丝/65页
周二	鸡丁西蓝花粥/37页	米饭3/4碗 香葱三文鱼/55页 鲜笋沙拉/65页	甜薯芝麻露/82页	黄豆糙米饭/34页 奶酪浓汤/80页
周三	山药糙米粥/38页	什锦圆白菜饭/35页 玉米浓汤/80页	蜂蜜草莓汁/83页	米饭1/2碗 青豆虾仁蒸蛋/58页 奶油白菜/64页
周四	紫薯粥/38页	米饭3/4碗 小黄瓜炒猪肝/58页 姜丝炒冬瓜/61页	核桃仁紫米粥/74页	高纤养生饭/34页 当归枸杞炖猪心/81页
周五	猪肝燕麦粥/37页	米饭3/4碗 松子蒸鳕鱼/56页 枸杞子炒金针/60页	养身蔬果汁/83页	米饭1/2碗 滑蛋牛肉/59页 开洋西蓝花/60页
周六	红枣茯苓粥/36页	南瓜火腿炒饭/39页 金针花猪肝汤/81页	木瓜银耳甜汤/82页	米饭1/2碗 香煎虱目鱼/56页 红茄杏鲍菇/63页
周日	花生百合粥/36页	米饭3/4碗 五彩墨鱼/57页 蒜香红薯叶/63页	樱桃牛奶/84页	米饭1/2碗 鲜菇镶肉/59页 蒜蓉菜豆/61页

为产妇设计的1个月菜

月子餐的配餐原则

❶ 补充纤维质丰富的蔬果以及全谷类。水果建议：每天2份（130~150克/份）。

❷ 多种且优质的蛋白质为主要来源。

❸ 食材的选择最好都是来自天然食物，减少加工品、腌渍品。

❹ 烹调方式以减少动物脂肪，摄取适量的植物性不饱和脂肪酸为佳。例如，去皮食物与麻油、苦茶油、亚麻油、橄榄油搭配使用。

❺ 增加DHA与钙质的食物来源，并且避免摄取刺激性的食物。

❻ 哺乳的女性不建议随便进行减重。四物增乳茶可随时饮用或1~3次/天；感冒发烧时不建议饮用。

❼ 产妇不建议食用过度坚硬、烧烤、油炸食物。这类食物除了不好消化之外，也容易造成上火，易产生便秘或痔疮等问题。

❽ 若当天饮食多肉类多药补，建议尽量搭配清炒蔬菜。甜点的搭配：每天1~2份，依据个人习惯。

❾ 感觉排便不顺就选择膳食纤维高、较清淡、含有凉性食材的餐点来调整，并将麻油改为苦茶油。

每日饮食营养成分摄取建议量表

热量/千卡	脂肪/克	钠/毫克	蛋白质/克	醣类/克	钙/毫克
哺乳 1900 ~ 2500	61 ~ 81	2400 以下	78 ~ 98	277 ~ 370	1000 ~ 2500
未哺乳 1400 ~ 2100	45 ~ 65	2400 以下	55 ~ 75	206 ~ 299	1000 ~ 2500

日期	早餐	午餐	晚餐	汤品/甜品/茶饮
01	薏仁小米安神粥/99页 炒地瓜叶/123页 芝麻糊/153页	茶油香椿饭/98页 芝麻四季豆/127页 什锦鲜蔬/126页 猪肝汤/138页	白饭 红烧肉末豆腐/106页 双色山药香菇丁/132页 清炒菠菜/125页	四神瘦肉汤/137页 南瓜甜汤/152页 养肝汤/155页
02	白饭 清炒莴苣/125页 八宝粥/145页	紫米红豆饭/98页 炒地瓜叶/123页 猪肝汤/138页 土豆炖肉/107页	五谷胚芽饭/97页 香卤土鸡腿/114页 甜豆胡萝卜/127页 松子甜椒洋菇/128页	黑豆莲子排骨汤/136页 山药桂圆粥/146页 养肝汤/155页
03	白饭 双葱煎豆腐/131页 南瓜甜汤/152页	茶油香椿饭/98页 炒红苋菜/123页 毛豆玉米胡萝卜/128页 猪肝汤/138页	坚果米糕/96页 葱烧鸡/114页 芝麻四季豆/127页 清炒菠菜/125页	青木瓜排骨汤/136页 亚麻立沛饮/153页 生化汤/94页

04	薏仁小米安神粥/99页 清炒莴苣/125页 紫米桂圆糕/154页	五谷胚芽饭/97页 什锦鲜蔬/126页 炒地瓜叶/123页 土豆炖肉/107页	白饭 豉汁排骨/107页 香炒鱼干/116页 双色花菜/129页	西洋参肉汤/137页 雪莲子红豆汤/149页 生化汤/94页
05	茶油香椿饭/98页 秋葵香菇/132页 亚麻立沛饮/153页	坚果米糕/96页 肉末炒菱角/104页 清炒菠菜/125页 杏鲍菇炒鸡片/113页	白饭 炒红苋菜/123页 花生东坡肉/108页 什锦鲜蔬/126页	清炖鱼汤/143页 芝麻糊/153页 生化汤/94页
06	白饭 蜜黄豆/133页 山药桂圆粥/146页	黑麻油面线/99页 松子甜椒洋菇/128页 炒红苋菜/123页 木须肉丝/104页	紫米红豆饭/98页 洋葱鸡肉丁/113页 红烧小排/110页 清炒莴苣/125页	四神瘦肉汤/137页 亚麻立沛饮/153页 生化汤/94页
07	薏仁小米安神粥/99页 双葱煎豆腐/131页 雪莲子红豆汤/149页	白饭 清炒莴苣/125页 炒红凤菜/124页 法式三文鱼/120页	五谷胚芽饭/97页 蒜泥白肉/105页 猪肝汤/138页 炒地瓜叶/123页	黑豆莲子排骨汤/136页 地瓜山药甜汤/152页 生化汤/94页
08	茶油香椿饭/98页 炒地瓜叶/123页 花生薏仁小米粥/148页	白饭 炒红凤菜/124页 肉丝山苏/101页 黑麻油猪肝/100页	黑麻油面线/99页 松子甜椒洋菇/128页 清炒菠菜/125页 黑麻油腰花/102页	麻油鸡/140页 地瓜山药甜汤/152页 杜仲水/156页
09	白饭 罗勒炒蛋/130页 芝麻糊/153页	五谷胚芽饭/97页 双葱煎豆腐/131页 黑麻油炒羊肉/111页 炒红苋菜/123页	白饭 甜豆胡萝卜/127页 三杯鸡/112页 清蒸黄鱼/120页	花生猪脚汤/135页 黑麻油桂圆干/154页 红糖姜母茶/156页
10	黑麻油面线/99页 炒红凤菜/124页 酒酿汤圆/149页	坚果米糕/96页 清炒莴苣/125页 葱烧鸡/114页 芝麻四季豆/127页	茶油香椿饭/98页 香炒鱼干/116页 什锦鲜蔬/126页 黑麻油腰花/102页	黑麻油鱼汤/143页 花生薏仁小米粥/148页 溢乳饮/157页
11	薏仁小米安神粥/99页 清炒莴苣/125页 黑麻油桂圆干/154页	白饭 清炒菠菜/125页 蒜泥白肉/105页 双色花菜/129页	五谷胚芽饭/97页 酱香茄子/130页 红烧小排/110页 黑麻油猪肝/100页	四物鸡汤/139页 亚麻立沛饮/153页 溢乳饮/157页
12	白饭 双葱煎豆腐/131页 地瓜山药甜汤/152页	紫米红豆饭/98页 酱香茄子/130页 罗勒炒蛋/130页 炒红苋菜/123页	茶油香椿饭/98页 杏鲍菇炒鸡片/113页 花生东坡肉/108页 清炒菠菜/125页	麻油鸡/140页 八宝粥/145页 四物增乳茶/95页

13	五谷胚芽饭/97页 秋葵香菇/132页 花生薏仁小米粥/148页	黑麻油面线/99页 毛豆玉米胡萝卜/128页 黑麻油腰花/102页 炒红凤菜/124页	紫米红豆饭/98页 木须肉丝/104页 红糟鳕鱼/119页 炒川七/124页	花生猪脚汤/135页 南瓜甜汤/152页 冬虫夏草茶/158页
14	茶油香椿饭/98页 清炒菠菜/125页 黑麻油桂圆干/154页	白饭 双色花菜/129页 鲜蚵豆腐/121页 清炒莴苣/125页	白饭 西红柿玉米蛋/131页 腰果虾仁/121页 炒地瓜叶/123页	烧酒鸡/139页 地瓜山药甜汤/152页 红枣桂圆茶/155页
15	薏仁小米安神粥/99页 蜜黄豆/133页 八宝粥/145页	白饭 什锦鲜蔬/126页 三鲜豆腐/116页 炒红凤菜/124页	五谷胚芽饭/97页 炒蟹肉/118页 双色山药香菇丁/132页 清炒清炒莴苣/125页	麻油蛋包汤/144页 芝麻糊/153页 杜仲水/156页
16	黑麻油面线/99页 炒红苋菜/123页 花生薏仁小米粥/148页	坚果米糕/96页 甜豆胡萝卜/127页 三杯鸡/112页 清炒菠菜/125页	五谷胚芽饭/97页 蒜泥白肉/105页 猪肝汤/138页 炒地瓜叶/123页	黑豆莲子排骨汤/136页 地瓜山药甜汤/152页 生化汤/94页
17	白饭 罗勒妙蛋/130页 紫米桂圆糕/154页	五谷胚芽饭/97页 炒地瓜叶/123页 黑麻油炒羊肉/111页 毛豆玉米胡萝卜/128页	紫米红豆饭/98页 香卤土鸡腿/114页 红烧肉末豆腐/106页 清炒莴苣/125页	黑麻油鱼汤/143页 花生薏仁小米粥/148页 四物增乳茶/95页
18	茶油香椿饭/98页 秋葵香菇/132页 黑麻油桂圆干/154页	白饭 双色山药香菇丁/132页 清炒花枝/118页 肉丝山苏/101页	坚果米糕/96页 双色花菜/129页 洋葱鸡肉丁/113页 清炒菠菜/125页	药膳乌骨鸡汤/142页 地瓜山药甜汤/152页 丽水茶饮/160页
19	白饭 双色花菜/129页 花生薏仁小米粥/148页	五谷胚芽饭/97页 芝麻四季豆/127页 红糟鳕鱼/119页 炒川七/124页	黑麻油面线/99页 杏鲍菇炒鸡片/113页 双葱煎豆腐/131页 炒地瓜叶/123页	烧酒鸡/139页 八宝粥/145页 四物增乳茶/95页
20	黑麻油面线/99页 炒地瓜叶/123页 紫米桂圆糕/154页	白饭 甜豆胡萝卜/127页 法式三文鱼/120页 炒红苋菜/123页	紫米红豆饭/98页 木须肉丝/104页 花菇炒海参/115页 清炒菠菜/125页	麻油蛋包汤/144页 山药桂圆粥/146页 黑豆茶/157页
21	薏仁小米安神粥/99页 蜜黄豆/133页 黑麻油桂圆干/154页	五谷胚芽饭/97页 炒红凤菜/124页 三鲜豆腐/116页 炒川七/124页	茶油香椿饭/98页 花生东坡肉/108页 金沙中卷/117页 肉丝山苏/101页	当归羊肉汤/138页 南瓜甜汤/152页 红枣桂圆茶/155页

22	白饭 罗勒妙蛋/130页 花生薏仁小米粥/148页	紫米红豆饭/98页 清炒莴苣/125页 肉末炒菱角/104页 双色山药香菇丁/132页	五谷胚芽饭/97页 红烧肉末豆腐/106页 清蒸黄鱼/120页 炒红苋菜/123页	药膳虾/144页 八宝粥/145页 杜仲水/156页
23	黑麻油面线/99页 炒红凤菜/124页 紫米桂圆糕/154页	白饭 松子甜椒洋菇/128页 鲜蚵豆腐/121页 芝麻四季豆/127页	茶油香椿饭/98页 香卤土鸡腿/114页 甜豆胡萝卜/127页 炒红苋菜/123页	花生猪脚汤/135页 雪莲子红豆汤/149页 溢乳饮/157页
24	薏仁小米安神粥/99页 蜜黄豆/133页 芝麻糊/153页	白饭 双色花菜/129页 蒜蓉虾/122页 秋葵香菇/132页	五谷胚芽饭/97页 土豆炖肉/107页 西红柿猪肉丁/101页 清炒菠菜/125页	药膳排骨汤/134页 紫米桂圆糕/154页 溢乳饮/157页
25	五谷胚芽饭/97页 西红柿玉米蛋/131页 红糖木耳汤/150页	坚果米糕/96页 清炒莴苣/125页 金沙中卷/117页 炒地瓜叶/123页	紫米红豆饭/98页 葱烧鸡/114页 什锦鲜蔬/126页 炒川七/124页	青木瓜排骨汤/136页 山药桂圆粥/146页 红枣桂圆茶/155页
26	白饭 双葱煎豆腐/131页 地瓜山药甜汤/152页	茶油香椿饭/98页 秋葵香菇/132页 花生东坡肉/108页 清炒菠菜/125页	黑麻油面线/99页 绍兴醉鸡/112页 三鲜豆腐/116页 炒红苋菜/123页	黑麻油鱼汤/143页 南瓜甜汤/71页 牛蒡茶/159页
27	薏仁小米安神粥/99页 罗勒妙蛋/130页 黑麻油桂圆干/154页	白饭 芝麻四季豆/127页 干煎猪排/106页 酱香茄子/130页	五谷胚芽饭/97页 花菇炒海参/115页 肉丝山苏/101页 清炒莴苣/125页	烧酒鸡/139页 红糖木耳汤/150页 冬虫夏草茶/158页
28	白饭 秋葵香菇/132页 花生薏仁小米粥/148页	茶油香椿饭/98页 清炒菠菜/125页 三鲜蒸蛋/122页 炒红苋菜/123页	紫米红豆饭/98页 绍兴醉鸡/112页 西红柿猪肉丁/101页 炒川七/124页	麻油鸡/140页 芝麻糊/153页 逍遥饮/160页
29	五谷胚芽饭/97页 炒地瓜叶/123页 红糖木耳汤/150页	坚果米糕/96页 双色山药香菇丁/132页 甜豆胡萝卜/127页 炒蟹肉/118页	黑麻油面线/99页 秋葵香菇/132页 香炒鱼干/116页 清炒莴苣/125页	药膳排骨汤/134页 雪莲子红豆汤/149页 红枣参芪茶/159页
30	茶油香椿饭/98页 炒红凤菜/124页 南瓜甜汤/71页	紫米红豆饭/98页 双葱煎豆腐/131页 干煎猪排/106页 炒清炒菠菜/125页	白饭 金沙中卷/117页 双色花菜/129页 绍兴醉鸡/112页	药膳乌骨鸡汤/142页 山药桂圆粥/146页 牛蒡茶/159页

上篇

帮孕妇配好
三餐饮食

　　生一个健康的宝宝是天下每一位父母的共同心愿。准妈妈们如
果能了解怀孕这一特殊时期的营养食谱，对妈妈和孩子都将会有巨
大的帮助。

健康孕妇的饮食建议

为了母体和胎儿的健康，孕妇在饮食上不但要营养均衡，摄取多样化的食物，而且必须养成良好的进食习惯，才能孕育出健康的宝宝。

孕期饮食九大原则

★勿减肥节食

怀孕时母体需补充更多的营养，供给胎儿成长。若节食可能造成营养不良，甚至导致胎儿发育迟缓。

★勿挑食、偏食

营养不均衡可能影响胎儿发育，并且增加孕妇产生并发症的风险。

★勿暴饮暴食

易引起消化不良肠、胃发炎等消化系统疾病；且饮食过量会使孕妇营养过剩，体重过重，增加罹患妊娠糖尿病和难产的风险。

★避免高盐、高油脂

盐分摄取过多易造成孕妇水肿，有高血压者更应避免，以免血压不易控制。热量过高会导致体重过重或肥胖。

★减少摄取精致和加工食品

过度精致和加工的食品，易造成某些营养素流失，可能导致胎儿营养不良。

★食材务必煮熟

不新鲜的海鲜可能含有病菌，生鱼片、生牛肉等食材未经煮熟，也可能存在细菌或寄生虫，最好避免食用。

★勿食用不明药效的中药材

避免食用会造成子宫收缩、出血的中药材，如薏仁、红花、黄连等。有些中药材对怀孕有不良影响，因此怀孕期间服用任何中药，事前宜先请教中医师。

★勿食用有特殊药效的食材

韭菜、山楂、芦荟等有活血化瘀功效，还会使子宫收缩；人参会影响血液凝固，都应避免食用。

★减少咖啡因的摄取

咖啡因摄取过量，会造成流产或影响胎儿发育，每天摄取不要超过300毫克。

六大方法避免"吃"出过敏儿

过敏体质与遗传关系密切，倘若父母亲中有一人是过敏体质，则小孩有1/3的几率是过敏儿；若父母均为过敏体质，小孩过敏的几率可高达2/3。在怀孕的过程中，尽量避开过敏原，守护宝宝健康。

★找出食物过敏原

确切知道食物过敏原，避免日后误食，能彻底阻断过敏症状。

★远离高危险群食材

高危险群食材容易诱发孕妇的过敏症状，应尽量避免，但也应注意不能因此偏食，导致营养不均衡。

★均衡摄取蔬果

维生素C和抗氧化营养素摄取不足，易影响体内免疫调节功能。

★饮食清淡、少刺激

食材仔细清洗，避免残留的农药引发过敏；少吃甜食，以免生痰诱发气喘；太咸的食物也会增加支气管负担，引起过敏反应。

★避免食品添加物

食品添加物容易诱发皮肤过敏，应尽量避免食用加工食品和油炸类、辛辣类食物。

★用餐专心

用餐时如一心两用，容易产生压力，引发过敏。

孕期饮食六不宜

虽然孕期饮食要求多样化，但各类食物中仍有不适合孕妇吃的食材，平时仍应避免。

下表归纳出孕妇应尽量避免摄取的食物细项。

食物类别	避免摄取的食物
蛋、奶、鱼、肉类	腌渍物、烟熏制品：如香肠、火腿、肉干、肉松、咸鱼、皮蛋 罐装食物：如鳗鱼罐头、金枪鱼罐头、肉酱罐头、肉燥罐头 速食：如炸鸡、汉堡
豆类及其制品	腌渍、罐装、卤制食物：如豆干、豆腐乳
淀粉类	速食面、泡面、油面
蔬菜、水果类	腌渍蔬菜、冷冻蔬菜、加工蔬菜罐头：如泡菜、榨菜、酸菜 干果、脱水水果、工蔬菜汁
调料	味精、辣油、豆瓣酱、芥末酱
零食类	蜜饯、炸洋芋片、爆米花、运动饮料、碳酸饮料

排骨糙米饭

材料

小排骨200克，糙米240克，葱1根，枸杞子适量

调料

盐、酱油、香油、白胡椒粉各少许

做法

① 糙米用水浸泡4小时，葱切段备用。

② 小排骨汆烫后用水冲净。

③ 将小排骨、葱段与糙米、枸杞子放入电锅中，并加调料，外锅放3杯水，煮至开关跳起即可。

营养小叮咛

糙米含有维生素B_1、维生素E和铁，可补充孕妇所需的营养，促进血液循环，并提高免疫力。排骨能提供身体能量，增强孕妇食欲。

营养分析

热量1471.4千卡
糖类196.1克
蛋白质57.1克
脂肪44.9克
膳食纤维9.3克

海带糙米饭

营养分析

热量639.3千卡
糖类133.8克
蛋白质14.0克
脂肪5.3克
膳食纤维7.6克

材料

糙米饭2碗，海带50克，新鲜青芒果60克

调料

盐1/6小匙，白糖1/2小匙

做法

① 海带切丝，青芒果切片备用。

② 将做法1与调料拌匀，腌10分钟。

③ 糙米饭盛碗，放上做法2即可。

营养小叮咛

糙米含有B族维生素、维生素E、维生素K和膳食纤维。维生素E抗氧化力强；维生素K可强健骨骼；膳食纤维能增加肠胃蠕动，预防便秘。

高纤苹果饭

营养分析

热量378.9千卡
糖类89.7克
蛋白质6.0克
脂肪1.0克
膳食纤维4.5克

材料
苹果150克，葡萄干30克，大米60克，水适量

调料
盐、酱油、香油、白胡椒粉各少许

做法
① 苹果洗净切小丁。
② 将大米、葡萄干、苹果丁和所有调料拌匀后加水，放入电锅内蒸熟即可。

营养小叮咛
苹果富含膳食纤维、有机酸、果胶，具有止泻、通便、帮助消化的作用；其中所含的钾、镁还能预防和消除疲劳。

蛤蜊麦饭

材料
小麦50克，米饭60克，蛤蜊100克，葱花20克，姜末5克

调料
酱油、料酒各1/4小匙，胡椒粉少许，橄榄油1小匙

做法
① 小麦泡水20分钟备用。
② 热油锅，爆香姜末，加米饭和小麦翻炒。
③ 续入蛤蜊及适量的水略炒，再加酱油、胡椒粉和料酒拌匀焖煮至熟。
④ 最后加入葱花炒香即可。

营养小叮咛
蛤蜊高蛋白、含锌量高，有助于胎儿发育；搭配高纤、高蛋白的小麦，相当适合孕妇在怀孕期间食用。

营养分析

热量479.4千卡
糖类25.2克
蛋白质20.7克
脂肪1.2克
膳食纤维4.2克

黄金三文鱼炒饭

材料
米饭300克，三文鱼90克，鸡蛋1个，葱1根

调料
盐、胡椒粉、料酒各适量，橄榄油1大匙

做法
1. 三文鱼切成小丁；鸡蛋打成蛋汁；葱切成末，备用。
2. 热油锅，先爆香三文鱼丁及葱末，加入少许料酒及蛋液炒散后，续入米饭，添加少许盐、胡椒粉调味，拌炒均匀后即可。

营养小叮咛　三文鱼含有大量的维生素A，可增强抵抗力、预防感冒；丰富的DHA及ω-3成分，是胎儿大脑发育不可或缺的营养素。

香甜金薯粥

材料
红薯条100克，大米50克，水400毫升

调料
盐1/2小匙

做法
1. 大米泡水3小时，备用。
2. 汤锅加入适量的水煮开，放入大米、红薯条及盐，以小火慢煮，边搅拌边煮至熟即可。

营养小叮咛　红薯含有帮助消化的膳食纤维，也是一种碱性食物，是促进排便、提升代谢的最佳食材，有助排毒、保持血管弹性。

鲜味鸡汤面线

🥬 材料

鸡腿1只，面线300克，上海青4棵，老姜8片，
葱段5克，水800毫升

🍶 调料

盐少许

🍲 做法

1. 鸡腿洗净切块，氽烫后用水冲净。
2. 将鸡腿块、老姜片、葱段放入电锅中，外锅加3杯水，鸡腿熟后盛出，再加盐调味。
3. 面条用滚水煮熟放凉，上海青烫熟，一起加入做法2中即可。

营养分析

热量1371.9千卡
糖类212.5克
蛋白质82.2克
脂肪21.5克
膳食纤维9.9克

营养小叮咛 姜具有止吐、刺激胃液分泌、提振食欲、促进消化、消除胀气的作用；鸡汤则可增补孕妇体力，补充胎儿所需的蛋白质。

营养分析

热量1671.2千卡
糖类285.9克
蛋白质107.1克
脂肪11.0克
膳食纤维11.2克

酸菜鸭肉面线

🥬 材料

鸭肉300克，酸菜100克，姜丝15克，面线400
克，高汤500毫升

🍶 调料

盐1/4小匙，香油1/2小匙

🍲 做法

1. 鸭肉、酸菜洗净，分别切片和切丝；面条用滚水煮熟放凉备用。
2. 汤锅中放入高汤、鸭肉、酸菜、姜丝烹煮。
3. 煮滚后，加入面线略煮，放入香油、盐调味即可。

营养小叮咛 酸菜味道咸酸，可增进孕妇食欲、帮助消化；鸭肉是含铁量最丰富的肉品之一，适当补充，可预防怀孕期间的贫血发生。

什锦海鲜汤面

营养分析

热量436.2千卡
糖类77.5克
蛋白质26.8克
脂肪2.1克
膳食纤维1.2克

🥘 材料
猪里脊肉、墨鱼各30克，草虾50克，葱段10克，蛤蜊(已吐沙)4个，拉面120克，高汤350毫升

🥣 调料
盐1大匙

🍲 做法
① 墨鱼洗净切小段；猪里脊肉切小片，备用。
② 墨鱼、猪里脊肉片氽烫捞起，备用；拉面煮熟，备用。
③ 高汤煮滚，放入所有食材(葱段除外)，加盐调味，煮至蛤蜊壳开，加葱段略煮即可。

营养小叮咛 虾含有蛋白质、维生素，钙、磷尤其丰富，是壮骨佳品，可增强体力、促进新陈代谢。此道面食能帮助孕妇获得充分的营养。

南瓜米粉

🥘 材料
猪肉丝100克，蛤蜊200克，葱3根，南瓜、米粉各300克

🥣 调料
酱油1大匙，白糖1小匙，胡椒粉1/2小匙，香油少许，橄榄油适量

🍲 做法
① 蛤蜊煮开取出蛤蜊肉，高汤留下备用；葱切葱白和葱绿段。
② 南瓜切片，蒸熟后压成泥；米粉氽烫沥干。
③ 热油锅，橄榄油少许，爆香葱白，加入猪肉丝、酱油、南瓜泥、蛤蜊汤拌炒；续入米粉，加白糖调味煮滚，转小火略微焖煮；加蛤蜊肉、葱绿段、胡椒粉略炒，起锅前淋入香油拌炒均匀。

营养分析

热量1473.4千卡
糖类312.5克
蛋白质41.0克
脂肪6.6克
膳食纤维5.1克

枸杞子燕麦馒头

营养分析

热量651.9千卡
糖类144.5克
蛋白质13.2克
脂肪2.3克
膳食纤维2.7克

材料

枸杞子汁80毫升，燕麦1小匙，低筋面粉150克

调料

白糖1大匙，酵母、泡打粉各1小匙

做法

❶ 燕麦泡水一晚，沥干与低筋面粉和调料混合，再加入枸杞子汁，揉成光滑的面团。

❷ 冬天约发酵10分钟；夏天气温较高，搓揉时已开始发酵，动作宜快，只需发酵5分钟。

❸ 将面团搓成长条、切段，放上铺有蒸笼纸的蒸盘上。发酵20分钟，以大火蒸10分钟即可。

营养小叮咛　枸杞子富含铁质，可提供怀孕初期孕妇储存足够造血功能的元素。面粉富含蛋白质和淀粉，能够提升孕妇元气。

南瓜荞麦馒头

材料

熟荞麦30克，葡萄干10克，熟南瓜泥20克，水50毫升，中筋面粉100克

调料

白糖1大匙，酵母、泡打粉各1小匙

做法

❶ 所有材料和调料混合，揉成光滑的面团。

❷ 冬天约发酵10分钟；夏天气温较高，搓揉时已开始发酵，动作宜快，只需发酵5分钟。

❸ 将面团搓成长条、切段，放上铺有蒸笼纸的蒸盘上。

❹ 发酵20分钟，以大火用蒸笼蒸10分钟即可。

营养小叮咛　荞麦含丰富的膳食纤维，具有润肠通便的作用，能预防便秘发生。南瓜和面粉中的碳水化合物可提供能量来源。

营养分析

热量582.3千卡
糖类119.2克
蛋白质16.0克
脂肪4.6克
膳食纤维11.96克

25

三文鱼意大利面

材料

意大利面80克，三文鱼100克，秋葵片10克，蒜蓉5克，水300毫升

调料

盐1/4小匙，橄榄油1大匙

做法

1. 三文鱼切丁，秋葵片汆烫放凉，备用。

2. 将意大利面加盐1小匙，用滚水煮熟捞起，备用。

3. 热油锅，放入蒜蓉爆香后，续入三文鱼丁和盐翻炒，最后加入做法2、秋葵片拌炒即可。

营养分析

热量661.3千卡
糖类62.6克
蛋白质29.9克
脂肪32.4克
膳食纤维2.8克

营养小叮咛　多吃三文鱼可摄取优质蛋白质和EPA、DHA等多元不饱和脂肪酸，对于孕妇补充营养、促进胎儿脑部发育均有不错功效。

土豆煎饼

营养分析

热量725.2千卡
糖类42.5克
蛋白质63.8克
脂肪33.3克
膳食纤维4.1克

材料

土豆150克，洋葱80克，胡萝卜20克，鸡蛋1个，猪绞肉250克，姜末5克

调料

胡椒粉少许，香油、蚝油各1小匙，盐1/4小匙，橄榄油4大匙

做法

1. 土豆蒸熟捣碎，蛋打成蛋汁，洋葱切末，胡萝卜切细丁，备用。

2. 将做法1搅拌，再加入猪绞肉和所有调料拌匀，用手捏成想要的大小。

3. 热油锅，将饼煎至呈金黄色即可。

营养小叮咛　土豆热量低、富含膳食纤维，既可满足人体所需营养，又可强化免疫力，且含钾丰富，有助排泄身体过多的水分。

杏鲍菇烩饭

材料

鸡腿肉60克，大米200克，杏鲍菇、青豆仁各30克，胡萝卜50克，玉米粒20克，姜10克

调料

酱油1大匙，白糖2小匙

做法

1. 鸡腿去骨切块，加姜、酱油略腌。
2. 杏鲍菇洗净切块；胡萝卜削皮切丝。
3. 大米洗净放进电锅中，将酱油、白糖倒入锅中与大米搅拌均匀。
4. 将杏鲍菇、胡萝卜丝、青豆仁、玉米粒、鸡腿肉均匀地撒在大米上，待饭蒸熟后即可。

营养小叮咛 杏鲍菇含有多量的麸胺酸和寡糖，加上低脂肪、低热量，不仅可增加孕期中的免疫力，还是兼具美味与控制体重的好食材。

营养分析

热量876.4千卡
糖类180.0克
蛋白质34.7克
脂肪2.0克
膳食纤维5.0克

营养分析

热量525.8千卡
糖类113.6克
蛋白质10.3克
脂肪3.4克
膳食纤维5.9克

养生红薯糙米饭

材料

糙米120克，红薯80克，水2杯

做法

1. 红薯洗净去皮，切小块；糙米洗净加水，浸泡30分钟。
2. 将红薯块加入糙米里，用电锅蒸熟，再焖10~15分钟即可。

营养小叮咛 糙米和红薯皆含B族维生素，有助于身体的代谢平衡、消除疲劳倦怠感，改善孕吐和抽筋症状，并具有预防贫血的作用。

核桃炒饭

营养分析

热量989.2千卡
糖类126.1克
蛋白质30.6克
脂肪40.3克
膳食纤维6.8克

材料
四季豆、胡萝卜各30克,核桃40克,洋葱10克,圆白菜100克,米饭1.5碗,蛋清1个

调料
胡椒粉、盐各1/4小匙,酱油、白糖各1/2小匙,橄榄油1小匙

做法
1. 核桃以烤箱烤至微金黄色取出,四季豆、胡萝卜和洋葱切小丁,圆白菜切丝。
2. 热油锅,倒入蛋清液拌炒,加入洋葱丁快炒。
3. 再倒入米饭、所有调料及其他食材炒熟即可。

营养小叮咛　　核桃是很好的滋补食物,能健脑、健胃、养神、促进血液循环,搭配富含膳食纤维的胡萝卜、洋葱、圆白菜,可谓高纤营养。

梅子鸡肉饭

材料
米饭3碗,梅子20克,鸡肉、西芹各50克,熟芝麻10克

调料
米酒1大匙,盐、胡椒粉各少许

做法
1. 梅子切碎;鸡肉切丁;西芹切片,备用。
2. 将碎梅子、鸡肉丁、西芹片及调料混匀腌5分钟,再蒸熟。
3. 将米饭与做法2拌匀,撒上熟芝麻即可。

营养小叮咛　　大米具有健脾胃、补中气、养阴生津、除烦止渴等作用。其含有丰富的淀粉,是补充体力、调理脾胃很好的食物。

营养分析

热量804.7千卡
糖类159.7克
蛋白质27.5克
脂肪6.2克
膳食纤维3.0克

黑芝麻糯米粥

🥣 **材料**

黑芝麻80克，糯米100克

🍲 **做法**

❶ 黑芝麻研磨成粉。

❷ 将糯米煮成粥，煮滚时转为小火，加入黑芝麻粉，煮约20分钟即可。

营养小叮咛　　黑芝麻富含亚香油酸及膳食纤维，能促进肠道蠕动，预防便秘；此粥品有助于排毒美颜，还可预防肠道癌、补充体力。

鲭鱼燕麦粥

🥣 **材料**

燕麦80克，鲭鱼50克，姜丝10克

🍶 **调料**

盐1/2小匙，胡椒粉1/4小匙

🍲 **做法**

❶ 燕麦泡水20分钟，鲭鱼切块，备用。

❷ 汤锅加水煮滚，加入燕麦略煮。

❸ 放入鲭鱼块和姜丝，以小火煮1个小时，随时搅拌。

❹ 待燕麦煮熟，再加盐和胡椒粉调味即可。

营养小叮咛　　鲭鱼富含DHA、EPA，能帮助发育、活化大脑。燕麦含非水溶性膳食纤维，具有保健肠道、排除废物和毒素的功效。

燕麦瘦肉粥

材料
猪瘦绞肉、燕麦片各150克，胡萝卜丝、葱段各10克，芹菜30克，姜末15克，水1000毫升

调料
盐适量

做法
1. 将芹菜洗净，去叶后切碎末。
2. 锅内加水煮滚后，放入燕麦片。
3. 烹煮2分钟后，再加猪瘦绞肉、胡萝卜丝、葱段、姜末及芹菜末混匀。
4. 煮熟后，加盐调味即可。

营养小叮咛 燕麦的营养价值高，B族维生素能帮助胎儿成长；猪肉的维生素B$_1$含量居肉类之冠，有助于人体的新陈代谢。

小鱼胚芽粥

材料
仔鱼、胚芽米各100克，苋菜段150克

调料
盐1/4小匙

做法
1. 胚芽米洗净，泡一晚备用。
2. 锅里加水，先以小火煮滚，再加入胚芽米滚煮至熟。
3. 将仔鱼放入粥中，略煮至熟，再加盐及苋菜段即可。

营养小叮咛 苋菜、仔鱼皆富含钙质，有助于增加骨质密度；苋菜含丰富的膳食纤维，可减少脂肪被肠道吸收，降低热量的摄取。

牡蛎虱目鱼粥

🥬 材料
虱目鱼、大米各100克，牡蛎150克，水200毫升，高汤350毫升，地瓜粉80克，芹菜末30克，香菜15克

🍶 调料
盐1/4小匙，胡椒粉、香油各1小匙

🍲 做法
1. 牡蛎洗净沥干，蘸裹地瓜粉，放入滚水中氽烫捞起；虱目鱼去刺切小块，备用。
2. 大米洗净加高汤，煮滚后以小火煮10分钟。
3. 将虱目鱼、牡蛎放入做法2中，以大火煮滚后，加盐调味，起锅前放入芹菜末、香菜拌匀，撒上胡椒粉、香油即可。

三文鱼饭团

🥬 材料
三文鱼80克，洋葱碎20克，西芹碎30克，寿司海苔1/2张，胚芽米饭1.5碗

🍶 调料
寿司醋1大匙，柴鱼粉1/4小匙

🍲 做法
1. 将寿司海苔切成粗条。
2. 把三文鱼用水煮熟后，沥干捣碎。
3. 将胚芽米饭、洋葱碎、西芹碎、三文鱼和调料拌匀。
4. 把做法3的备料整形后，外层贴上寿司海苔即可。

营养小叮咛
三文鱼含人体所需多元不饱和脂肪酸DHA、EPA，能帮助胎儿脑细胞神经发育；胚芽米中所含维生素E亦有协助的功效。

南瓜面疙瘩

低筋面粉70克，南瓜180克，蛋黄1个，奶酪粉15克，香菇丝、猪肉丝、胡萝卜丝、圆白菜各10克，水适量

🧂 调料
盐、胡椒粉各少许，橄榄油1大匙

🍴 做法
① 南瓜蒸熟成泥，加面粉、蛋黄、奶酪粉和盐，揉成面团。用筷子将面团一片片拨入滚水中，煮到浮起备用。
② 热油锅，爆香香菇丝、胡萝卜丝、猪肉丝，加圆白菜和面疙瘩翻炒，撒入胡椒粉炒匀即可。

营养小叮咛　南瓜富含维生素A、B族维生素、蛋白质，能提升孕妇的免疫力，并促进胎儿骨骼发育。

营养分析
热量725.3千卡
糖类84.3克
蛋白质26.7克
脂肪31.3克
膳食纤维6.1克

营养分析
热量585.5千卡
糖类127.1克
蛋白质14.0克
脂肪2.3克
膳食纤维6.5克

高纤时蔬面疙瘩

🍲 材料
丝瓜、面粉各150克，红辣椒、圆白菜、圆生菜各30克，水160毫升

🧂 调料
盐1小匙

🍴 做法
① 将圆生菜片、丝瓜块、红辣椒块汆烫后捞出。
② 圆白菜切碎，加面粉和水调成面团；捏成块状，放入滚水中煮成面疙瘩，捞起后泡水，再沥干水分。
③ 汤锅加水煮滚，放入所有材料煮熟，加盐调味即可。

营养小叮咛　丝瓜可利尿通便、止咳化痰；搭配有加速血液循环作用的红辣椒一起食用，有助于增强体力，并能促进新陈代谢。

鲜虾炒河粉

材料

白虾100克，河粉200克，绿豆芽150克，韭菜30克，鸡蛋1个

调料

花生粉、柠檬汁、白糖、鱼露各1小匙，橄榄油2小匙

做法

1. 河粉切粗条；鸡蛋打成蛋液；白虾去壳及肠泥，入滚水汆烫备用。
2. 热油锅，将蛋液炒香后，放入河粉、白虾、绿豆芽、韭菜拌炒，再加入调料炒匀即可。

营养小叮咛　白虾营养价值高，含有丰富的蛋白质、维生素和多种微量元素，且水分多，对孕妇具有利水和滋肾的效果。

黑豆燕麦馒头

材料

熟黑豆10克，熟燕麦30克，低筋面粉100克，水50毫升

调料

白糖2大匙，酵母、泡打粉各1小匙

做法

1. 所有材料和调料混合，揉成光滑的面团。
2. 冬天约发酵10分钟；夏天气温较高，搓揉时已开始发酵，动作宜快，只需发酵5分钟。
3. 将面团搓成长条、切段，放上铺有蒸笼纸的蒸盘。
4. 发酵20分钟，放入蒸笼，用大火蒸8分钟即可。

营养小叮咛　燕麦与黑豆均富含膳食纤维，可帮助肠道蠕动，改善怀孕期间便秘现象，也能提供足够的热量，使孕妇神清气爽。

黄豆糙米饭

材料
黄豆50克，糙米200克，水350毫升

做法
1. 黄豆洗净，浸泡8小时；糙米洗净，浸泡4小时备用。
2. 将做法1中的食材加水放入电饭锅中煮熟即可。

营养小叮咛　糙米可帮助肠胃蠕动，免于孕妇便秘的困扰，且富含B族维生素，可提升新陈代谢，对孕吐害喜不适有改善作用。

营养分析
热量920.0千卡
糖类167.6克
蛋白质33.8克
脂肪12.8克
膳食纤维14.5克

营养分析
热量649.9千卡
糖类144.6克
蛋白质13.8克
脂肪1.8克
膳食纤维6.2克

高纤养生饭

材料
小米20克，糯米70克，红枣30克，桂圆肉25克，红豆、葡萄干各15克，水100毫升

调料
红糖20克

做法
1. 红枣洗净，用水浸泡约1小时；红豆、糯米洗净，用水浸泡约4小时，沥干。
2. 所有材料放入电饭锅内，加入水与红糖（若有外锅需加水2杯）。
3. 按下开关，蒸至开关跳起后，再焖10分钟即可盛盘。

营养小叮咛　此道饭食中所含丰富的维生素、蛋白质、糖类、镁、铁、钙、钾等矿物质，可补充体力、消除疲劳，且所含膳食纤维有助排便。

什锦圆白菜饭

营养分析

热量521.8千卡
糖类67.3克
蛋白质19.5克
脂肪19.4克
膳食纤维3.0克

材料
香菇、虾米各10克，五花肉50克，青蒜5克，圆白菜100克，米饭150克

调料
酱油1大匙，胡椒粉1小匙，盐1/4小匙

做法
1. 香菇用水泡开切丝；青蒜切段。
2. 将五花肉用小火炒至半熟，放入香菇丝、虾米、青蒜炒香，以酱油调味。
3. 加入米饭、圆白菜拌炒，再以胡椒粉、盐调味即可。

营养小叮咛　　圆白菜热量低，容易产生饱足感，含有丰富的维生素K及膳食纤维。膳食纤维能有效避免孕妇便秘，并预防贫血。

滋补腰花饭

营养分析

热量395.8千卡
糖类64.6克
蛋白质25.2克
脂肪4.0克
膳食纤维0.4克

材料
猪肝、猪腰各60克，大米80克

调料
陈醋、香油、姜汁、米酒、白糖各适量

做法
1. 猪肝、猪腰分别洗净，剔除筋膜，切成片状备用。
2. 将做法1中的食材放入滚水中，快速氽烫后捞出，拌入所有调料后，静置约10分钟。
3. 大米洗净，放入电饭锅中烹煮约10分钟，再将做法2中的食材平铺在饭上，焖煮至食材熟透即可。

营养小叮咛　　猪肝有养血、明目的作用；猪腰能改善盗汗、腰痛、失眠等症状，两者搭配食用，具有补肝养血、增强体质的功效。

花生百合粥

🥣 材料
大米150克，小米30克，花生20克，干百合18克，水300毫升

🧂 调料
盐1/4小匙

🍚 做法
1. 百合泡水沥干；花生加水煮烂。
2. 汤锅加水放入大米、小米煮滚，再加入花生、百合，大火煮开后，转小火续煮至食材软烂，以盐调味即可。

营养分析

热量679.2千卡
糖类127.6克
蛋白质19.7克
脂肪10.0克
膳食纤维5.0克

营养小叮咛

百合有清心润肺、开胃安神等功能，且含微量元素，可消除疲劳、增强免疫力，为适合孕妇食用的消暑粥品。

红枣茯苓粥

🥣 材料
大米80克，红枣10颗，茯苓、鸡肉各20克，水1000毫升

🧂 调料
盐1/4小匙

🍚 做法
1. 鸡肉洗净、切丝；红枣洗净、去核备用。
2. 大米洗净放入锅中，加水以中火煮开，再转小火续煮成粥。
3. 将红枣、茯苓、鸡肉丝加入粥中，熬煮至红枣变软，加盐调味即可。

营养分析

热量441.6千卡
糖类94.9克
蛋白质12.5克
脂肪1.4克
膳食纤维18.9克

营养小叮咛

红枣有补脾胃、补血的作用；茯苓具有提升免疫力和自愈力的功效，可增强人体自我修复能力，并能改善怀孕后期的水肿问题。

鸡丁西蓝花粥

🌿 材料
燕麦100克，水300毫升，鸡胸肉30克，西蓝花50克，红椒10克

🧂 调料
盐1/4小匙

🍲 做法
1. 鸡胸肉切碎；西蓝花氽烫切小块；红椒切丝备用。
2. 燕麦加水煮软，加盐调味。
3. 把鸡肉放进粥中煮到变白色，再加入西蓝花、红椒丝煮熟即可。

营养分析

热量442.7千卡
糖类66.8克
蛋白质20.5克
脂肪10.4克
膳食纤维6.0克

营养小叮咛　西蓝花含有丰富的胡萝卜素、B族维生素、维生素C、蛋白质及硒、钙等营养成分，可增强孕妇抵抗力、维持胎儿牙齿及骨骼成长发育的需求。

猪肝燕麦粥

🌿 材料
燕麦100克，水250毫升，胡萝卜10克，菠菜30克，猪肝50克

🧂 调料
盐1/4小匙

🍲 做法
1. 菠菜、胡萝卜切碎；猪肝切薄片，备用。
2. 汤锅放入燕麦加水煮软，放入胡萝卜、猪肝煮到变色，再加入菠菜煮软，加盐调味即可食用。

营养分析

热量464.8千卡
糖类66.8克
蛋白质23.9克
脂肪11.4克
膳食纤维5.7克

营养小叮咛　猪肝富含铁和维生素A、维生素B_1、维生素B_2、维生素B_{12}等多种营养素。铁质是形成血红蛋白的必需物质，能预防孕妇怀孕期间缺铁性贫血的发生。

山药糙米粥

材料
山药40克,胡萝卜丝10克,糙米、大米各100克,水300毫升

调料
盐1/4小匙

做法
1. 糙米、大米泡水1小时;山药去皮切小块,备用。
2. 将山药、胡萝卜丝、糙米、大米、水放进锅里炖煮半小时,加盐调味即可。

营养小叮咛
山药丰富蛋白质中的消化酵素易被人体吸收,能帮助孕妇消除疲劳、提振精神;多吃糙米,还可改善痔疮和便秘等问题。

紫薯粥

材料
紫薯(芋头红薯)200克,大米90克,水900毫升

做法
1. 大米洗净;紫薯削皮、洗净,切成3厘米见方的小块。
2. 大米入锅,加水,煮滚后转小火。
3. 放入紫薯,续煮约20分钟至熟烂即可。

营养小叮咛
紫薯含有蛋白质、多种维生素和矿物质,可以健脾胃、益气通乳,还能够改善皮肤干燥的问题。

南瓜火腿炒饭

🌾 材料
大米饭	500克
南瓜	240克
青豆仁	20克
蒜酥	20克
火腿	100克

🧂 调料
盐	1/4小匙
橄榄油	1大匙

🍳 做法
① 南瓜洗净、去皮去籽，切小丁；火腿切小丁，备用。

② 热油锅，将南瓜丁、火腿丁、青豆仁及蒜酥爆香，再加入米饭和盐拌炒均匀即可。

营养小叮咛

南瓜含有丰富的果胶，可加强胃肠蠕动；维生素A、类胡萝卜素能改善皮肤粗糙。此道饭食有助于消化吸收、维护肌肤健康。

营养分析

热量1435.2千卡
糖类257.7克
蛋白质40.4克
脂肪27.0克
膳食纤维8.9克

柠檬鳕鱼

材料

鳕鱼片200克，鸡蛋1个，柠檬1/4个

调料

盐、胡椒粉、低筋面粉各少许，橄榄油2小匙

做法

① 鳕鱼片洗净，在鱼肉两面均匀抹上盐、胡椒粉，略腌片刻。鸡蛋打散，鳕鱼沾上薄薄的蛋液，再裹上低筋面粉。

② 热油锅，用小火将鳕鱼煎至两面呈金黄色。

③ 将柠檬切片铺在鳕鱼上，用铝箔纸包裹，放进预热的烤箱内烤20分钟，食用前滴上少许柠檬汁即可。

营养分析

热量258.2千卡
糖类2.5克
蛋白质47.5克
脂肪：6.5克
膳食纤维0.0克

营养小叮咛

鳕鱼富含蛋白质、维生素A、维生素D，营养容易吸收，可补充胎儿初期所需的营养成分。柠檬不仅能去除腥味，还可增进孕妇食欲。

丝瓜炒蛤蜊

营养分析

热量66.4千卡
糖类8.5克
蛋白质6.6克
脂肪0.7克
膳食纤维1.2克

材料

蛤蜊600克，丝瓜150克，嫩姜10克，枸杞子适量

调料

盐1/4小匙，橄榄油1小匙

做法

① 丝瓜削皮、切成条状；嫩姜切丝；蛤蜊泡水吐沙后洗净。

② 热油锅，依序放入丝瓜、蛤蜊、枸杞子与姜丝快炒，盖上锅盖焖熟后即可。

营养小叮咛

蛤蜊含大量的碘，可促进胎儿生长发育，具有通乳腺、消水肿的作用，适合怀孕初期女性食用。丝瓜可调节气血、消除水肿。

牡蛎豆腐羹

材料

豆腐、牡蛎各100克，章鱼肉、蛤蜊各50克，高汤500毫升，葱段20克

调料

酱油、淀粉、盐各少许

做法

1. 牡蛎洗净，豆腐切片。
2. 将章鱼肉、蛤蜊加入酱油、淀粉抓腌。
3. 高汤放入砂锅煮滚，加入豆腐煮5分钟，续入牡蛎、章鱼肉、蛤蜊煮滚，加盐调味，撒上葱段即可。

营养小叮咛

牡蛎含有多种能增进人体健康的有效成分，有"海洋牛奶"之称，所含的天然牛磺酸能降血脂、促进幼儿大脑发育和安神健脑。

蘑菇烧牛肉

材料

蘑菇300克，牛肉100克，辣椒10克，红葱头5克，水2大匙

调料

盐1/2小匙，薄盐酱油1小匙，胡椒粉1/6小匙

做法

1. 蘑菇、牛肉和辣椒切片，红葱头切碎备用。
2. 热油锅，爆香蘑菇片和红葱头碎，再加牛肉片和辣椒片略炒。
3. 最后加入调料炒熟即可。

营养小叮咛

蘑菇中的蛋白质、B族维生素、维生素D和锌，有助于增强免疫力、预防疾病发生，有益于胎儿智力发育，适合在第一孕期食用。

黄瓜炒肉片

🌱 材料
小黄瓜100克，猪瘦肉50克，葱段10克

🍶 调料
酱油2大匙，淀粉、盐各1小匙，米酒少许

🍲 做法
1. 小黄瓜切成滚刀块；猪瘦肉洗净，切成片状，放入酱油、淀粉与盐腌渍片刻。
2. 热油锅，放入猪瘦肉片与葱段，以大火快炒。
3. 猪瘦肉片炒至8分熟时，放入小黄瓜一起拌炒，淋入米酒拌炒后即可。

营养分析

热量98.0千卡
糖类3.95克
蛋白质11.6克
脂肪4.2克
膳食纤维0.9克

营养小叮咛　小黄瓜中富含蛋白质、糖类、维生素A、B族维生素、维生素C、维生素E、多种矿物质、膳食纤维，具有排除毒素、清热降火、利尿消肿等作用。

营养分析

热量903.1千卡
糖类4.6克
蛋白质87.3克
脂肪59.5克
膳食纤维0.0克

红曲猪脚

🌱 材料
猪脚1只，红曲2大匙，姜适量，蒜2瓣

🍶 调料
八角、酱油、料酒、冰糖各适量

🍲 做法
1. 猪脚洗净切块，用滚水氽烫，捞出泡冷水，备用。
2. 将红曲、姜、蒜和猪脚，以及所有调料，加水煮开后，以小火焖卤至软烂即可。

营养小叮咛　猪脚含丰富的胶原蛋白，可滋润肌肤，且有助于乳汁分泌；红曲能促进血液循环，与肉类共煮，具有帮助肠胃消化的作用。

彩椒鸡柳

材料
青椒、红椒、黄椒各1/2个，鸡柳300克

调料
淀粉、盐、酱油各少许，橄榄油1大匙

做法
1. 青椒、红椒、黄椒、鸡柳切成条状备用。
2. 将鸡柳加入调料拌匀后备用。
3. 热油锅，放入鸡柳拌炒至熟，续入青椒、红椒、黄椒拌炒均匀，加盐调味即可。

营养小叮咛 青椒富含维生素A、维生素C，可增强怀孕时身体的抵抗力；红椒、黄椒含胡萝卜素，具抗氧化和提高免疫力的功效。

营养分析
热量344.4千卡
糖类28.1克
蛋白质32.9克
脂肪11.2克
膳食纤维4.4克

豌豆炒鸡丁

营养分析
热量409.5千卡
糖类13.9克
蛋白质73.3克
脂肪6.8克
膳食纤维4.3克

材料
豌豆仁、玉米粒各100克，鸡胸肉150克，水适量，葱花少许

调料
淀粉1小匙，橄榄油1大匙，盐、胡椒粉、香油各少许

做法
1. 鸡胸肉切丁，加淀粉、水稍微抓腌；豌豆仁汆烫备用。
2. 热油锅，放入腌过的鸡胸肉丁拌开，再捞起备用。
3. 爆香葱花，放入鸡胸肉丁、豌豆仁和玉米粒拌炒，加盐、胡椒粉与香油调味即可。

营养小叮咛 豌豆具有抗菌消炎的功能；玉米与富含赖氨酸的豌豆混合食用，可以发挥蛋白质互补作用，帮助孕期的营养吸收。

碧玉白菜卷

🌾 材料

大白菜4片，猪肉片100克，榨菜20克，水100毫升

🧂 调料

盐1小匙，米酒1小匙

🍳 做法

❶ 大白菜洗净，榨菜切丝备用。

❷ 取锅加盐和水煮开后，放入大白菜转小火煮3分钟，捞出沥干，汤汁留用；将大白菜铺上猪肉片、榨菜，慢慢卷起。

❸ 将白菜卷、米酒、少许盐放入做法2汤锅中，煮至沸腾后，转小火焖5分钟取出，食用时淋上汤汁即可。

营养小叮咛　大白菜可调理肠胃，促进体内废物排出；富含维生素C，和可补充元气的猪肉一起食用，有助消除疲劳，补充体力。

枸杞子炒圆白菜

🌾 材料

圆白菜400克，枸杞子10克，水适量

🧂 调料

盐1/2小匙，胡椒粉少许，橄榄油2小匙

🍳 做法

❶ 圆白菜剥开叶片，洗净切片；枸杞子泡水片刻，备用。

❷ 热油锅，放入圆白菜、调料、少许水翻炒至熟软，最后加入枸杞子炒匀即可。

营养小叮咛　圆白菜富含维生素C，可促进枸杞子中铁质的吸收，使脸色红润，预防贫血；枸杞子明目解毒、利尿消肿，适合孕期女性食用。

凉拌菠菜

热量310.1千卡
糖类19.6克
蛋白质16.7克
脂肪16.6克
膳食纤维2.4克

🌱 **材料**
菠菜200克，蒜蓉少许

🥢 **调料**
酱油、香油各1大匙，白糖少许

🍲 **做法**
❶ 菠菜切除根部，氽烫后放入冷开水中泡凉，捞起沥干，切成小段。
❷ 将调料搅拌均匀，浇淋在菠菜上即可。

营养小叮咛
菠菜的叶酸含量丰富，可帮助消化、补血。建议女性可从怀孕前期开始，每日补充200毫克的叶酸至妊娠第12周，有助于胎儿发育。

河虾拌菠菜

🌱 **材料**
菠菜300克，河虾20克，姜末少许

🥢 **调料**
酱油、醋、料酒各1大匙，味噌2大匙，橄榄油、香油少许

🍲 **做法**
❶ 河虾和菠菜洗净备用。
❷ 热油锅，爆香姜末，先放入河虾，再加入菠菜一起炒热。
❸ 把所有调料混合放入做法2中，拌炒均匀即可。

营养小叮咛
菠菜中含丰富的叶酸，可调整内分泌系统、稳定情绪；孕妇食用菠菜，有益于胎儿大脑神经发育、预防先天性缺陷。

营养分析

热量301.3千卡
糖类14.2克
蛋白质7.3克
脂肪23.9克
膳食纤维6.6克

蒜香龙须菜

材料

龙须菜150克，干香菇2朵，蒜2瓣

调料

橄榄油1大匙，盐1/2小匙，米酒1小匙

做法

❶ 龙须菜洗净切段；香菇泡软、去蒂切片；蒜去皮、切末。

❷ 热油锅，爆香蒜蓉，再加入龙须菜、香菇片炒熟。

❸ 加盐、米酒调味即可。

营养小叮咛 龙须菜含有丰富的维生素A、维生素B$_1$、维生素B$_2$、叶酸，以及铁、钙，能清热消肿、帮助消化，是怀孕初期有利胎儿发育的健康食物。

香菇炒芦笋

材料

芦笋200克，香菇30克，蒜2瓣

调料

盐1/4小匙，橄榄油1小匙

做法

❶ 香菇切片；蒜去皮切片。

❷ 芦笋切段后，放入沸水中汆烫至熟后捞起，沥干水分备用。

❸ 热油锅，爆香蒜片、香菇片，放入做法2拌炒，再用盐调味即可。

营养小叮咛 芦笋营养丰富，其中叶酸是怀孕初期最需补充的营养，可维护胎儿神经系统成长，避免孕妇出现贫血和水肿症状。

黑木耳炒芦笋

材料

芦笋300克，金针菇、黑木耳、红辣椒各50克

调料

盐、香油、黑胡椒粉各1小匙，米酒1大匙

做法

❶ 芦笋切成约5厘米长，氽烫后捞起，备用。

❷ 红辣椒去籽切丝；木耳洗净切丝；金针菇洗净，切段备用。

❸ 热油锅，倒入做法2的材料炒熟，再加入芦笋与调料拌炒后即可。

营养分析

热量125.5千卡
糖类28.3克
蛋白质2.9克
脂肪0.8克
膳食纤维12.0克

坚果拌芦笋

材料

开心果20克，芦笋300克

调料

盐1/4小匙，胡椒粉1/6小匙，香油1/2小匙

做法

❶ 将开心果敲碎。

❷ 芦笋去皮再切段，放入滚水氽烫，沥干后放入炒锅。

❸ 续入所有调料拌炒，最后撒上开心果碎粒即可。

营养分析

热量227.8千卡
糖类21.6克
蛋白质5.1克
脂肪13.8克
膳食纤维6.8克

香蒜南瓜

材料

南瓜1个，蒜片10克，欧芹2小匙

调料

醋1小匙，黑胡椒粉适量，橄榄油、黄芥末各2小匙

做法

1. 南瓜去籽切成块状，铺于浅盘上，放入电锅蒸至熟软备用。
2. 热油锅，爆香蒜片，加入所有调料后稍加搅拌。
3. 将做法2均匀淋在做法1上即可。

营养分析

热量460.0千卡
糖类56.7克
蛋白质9.6克
脂肪20.8克
膳食纤维5.8克

营养小叮咛

南瓜具有补血抗老、防癌和提高免疫力的功效，能通畅肠胃，排除毒素，保持皮肤光滑细嫩。

培根四季豆

营养分析

热量295.4千卡
糖类20.0克
蛋白质19.9克
脂肪15.1克
膳食纤维2.7克

材料

玉米笋、香菇片各20克，蒜蓉5克，水100毫升，猪肉丝、培根、四季豆各50克

调料

米酒、白糖、胡椒粉各1小匙，盐1/4小匙，橄榄油适量

做法

1. 玉米笋斜切片，与四季豆汆烫至熟取出。
2. 猪肉丝加米酒、白糖、胡椒粉，略腌渍5分钟。
3. 热油锅，爆香蒜蓉、香菇片，加入培根、猪肉丝炒熟，续入四季豆、玉米笋拌炒，以盐调味即可。

营养小叮咛

四季豆热量低，含有丰富的蛋白质、B族维生素和多种氨基酸、膳食纤维，常食用可健脾胃，增进孕妇食欲。

热量279.1千卡
糖类39.2克
蛋白质16.3克
脂肪6.4克
膳食纤维4.1克

高纤蔬菜牛奶锅

材料

胡萝卜块、白萝卜块、莲藕块、洋葱片各50克，
水、低脂牛奶各240毫升

调料

盐1/6小匙

做法

① 取一锅，放入胡萝卜块、洋葱片略炒后，
   加水煮滚。

② 续入莲藕块、白萝卜块和盐，熬煮5分钟。

③ 最后加入牛奶略煮即可。

营养小叮咛　牛奶高钙、高钾，含有蛋白质和维生素A、维生素B$_2$、维生素D，营养丰富，有调节紧张情绪和镇静的作用，是女性孕期饮食最佳选择之一。

仔鱼煎蛋

材料

鸡蛋2个，仔鱼50克

调料

盐1/4小匙，橄榄油1大匙

做法

① 仔鱼洗净沥干，备用。

② 蛋打散，加入盐、仔鱼拌匀。

③ 热油锅，倒入做法2略煎成蛋皮状，再将蛋
   皮卷成蛋卷状，微煎至金黄色即可。

营养小叮咛　仔鱼钙质丰富，是维持骨骼健康的重要营养素，可稳定神经、增进胎儿骨骼和牙齿的成长，建议孕妇怀孕期间适量补充。

热量366.7千卡
糖类0.4克
蛋白质18.9克
脂肪32.2克
膳食纤维0.4克

甜椒三文鱼丁

🍃 **材料**

三文鱼、小黄瓜各100克，红辣椒、黄椒各10克，鸡蛋1个，姜10克，蒜3瓣

🥣 **调料**

盐、淀粉少许，白糖1小匙

📋 **做法**

1. 三文鱼、红辣椒、黄椒、小黄瓜洗净切丁；蒜、姜洗净切末。

2. 三文鱼加入盐、白糖及蛋清略腌约10分钟，再用小火煎至8分熟后起锅，备用。

3. 将蒜蓉、生姜末、红辣椒丁、黄椒丁、小黄瓜丁入锅，以水淀粉勾芡，最后放入三文鱼丁拌炒均匀即可。

红烧鲷鱼

🍃 **材料**

鲷鱼200克，葱1根，姜10克，红辣椒1/2个

🥣 **调料**

酱油2大匙，白糖1小匙

📋 **做法**

1. 鲷鱼洗净，备用。

2. 姜去皮切丝；葱切段；辣椒切片，备用。

3. 热油锅，爆香葱段、姜丝，放入鱼肉两面煎熟，再加入酱油、白糖、红辣椒片煮熟即可。

营养小叮咛　鲷鱼含有多元不饱和脂肪酸DHA，是人体脑部及眼睛正常发育所必需的营养成分；丰富的蛋白质有助于增强体力和记忆力。

鲜炒墨鱼西蓝花

🌱 材料
菜花、胡萝卜各50克，西蓝花150克，虾米10克，墨鱼（中卷）100克，水200毫升

🥡 调料
盐1/4小匙，橄榄油1大匙

🍳 做法
1. 西蓝花、菜花洗净切块，以滚水氽烫备用。
2. 墨鱼洗净切块；胡萝卜洗净切条。
3. 热油锅，爆香虾米，放入西蓝花、胡萝卜略煮后，加盐调味，再加入墨鱼拌炒即可。

营养小叮咛　西蓝花含有大量的叶黄素，是保护视力重要的抗氧化物；丰富的叶酸、膳食纤维、维生素C，能预防感冒，帮助胎儿成长。

营养分析
热量535.9千卡
糖类16.2克
蛋白质46.4克
脂肪31.7克
膳食纤维6.5克

营养分析
热量791.7千卡
糖类14.6克
蛋白质46.1克
脂肪61.0克
膳食纤维1.3克

葱爆牛肉

🌱 材料
牛肉220克，葱5根，红辣椒段10克

🥡 调料
酒、酱油各1大匙，白糖、淀粉、盐各1小匙，橄榄油3大匙

🍳 做法
1. 牛肉切丝，加入酒、酱油、白糖、淀粉拌匀腌10分钟；葱洗净切段。
2. 热锅，加油2大匙，放入牛肉丝爆炒至8分熟盛出。
3. 再加油1大匙，快炒葱段和红辣椒段，续入做法2，加盐调味即可。

营养小叮咛　牛肉富含铁、氨基酸、锌。锌是孕妇免疫系统中不可缺少的营养成分；蛋白质、铁质有补血作用，可预防贫血。

营养分析

热量155.6千卡
糖类11.8克
蛋白质11.6克
脂肪6.9克
膳食纤维2.9克

萝卜丝炒猪肉

材料
白萝卜120克,猪瘦肉50克,新鲜黑木耳20克,蒜苗1根

调料
橄榄油、酱油、米酒各1小匙,盐1/2小匙

做法
1. 白萝卜、黑木耳、猪瘦肉切丝;猪瘦肉用酱油和米酒腌约15分钟。
2. 蒜苗切斜片,并将蒜白和蒜绿分开。
3. 热油锅,爆香蒜白,加入白萝卜、黑木耳和蒜绿炒软,再放入猪瘦肉、盐,拌炒至猪瘦肉熟透即可。

营养小叮咛 白萝卜的维生素C含量丰富,可防止细胞因氧化遭受破坏,并改善腹部胀气;搭配猪瘦肉食用,能让营养更加均衡。

清炒山药芦笋

材料
山药150克,芦笋200克,姜末10克,高汤200毫升

调料
香油、水淀粉各1小匙,盐1/4小匙,橄榄油1大匙

做法
1. 将山药去皮切长条状;芦笋斜切,余烫沥干水分。
2. 热油锅,爆香姜末,放入山药、芦笋拌炒,续入盐、高汤调味煮熟,起锅前以水淀粉勾芡,淋上香油即可。

营养小叮咛 山药属于高糖、高蛋白质、低脂的健康食材;芦笋的叶酸含量在蔬菜中排行第一,孕妇多摄取,有助胎儿神经系统健康发育。

营养分析

热量458.4千卡
糖类31.0克
蛋白质7.7克
脂肪33.8克
膳食纤维5.5克

炒嫩油麦菜

营养分析

热量284.5千卡
糖类3.8克
蛋白质29.8克
脂肪16.7克
膳食纤维1.6克

材料

嫩油麦菜200克，樱花虾50克

调料

盐1/4小匙，橄榄油1大匙

做法

1. 嫩油麦菜、樱花虾洗净备用。
2. 热油锅，爆香樱花虾后，放入嫩油麦菜，以盐调味，快炒即可。

营养小叮咛

油麦菜含有维生素B_1、维生素B_2、维生素C、胡萝卜素、烟碱酸、铁、钙、磷等营养素，具通乳汁、助胎儿发育、消水肿等功效，适合孕妇食用。

蚝油芥蓝

材料

芥蓝150克，水500毫升

调料

盐1/4小匙，蚝油2大匙，水淀粉、橄榄油各1大匙，香油、白糖各1小匙

做法

1. 芥蓝菜摘除老叶，取嫩梗、洗净、切长段。
2. 锅中加水烧滚，加适量的盐，放入芥蓝烫熟，捞出冲冷水沥干后拌入香油排盘。
3. 热油锅，将蚝油、白糖、水淀粉一起炒匀，将酱汁淋在芥蓝上即可。

营养小叮咛

芥蓝菜属深绿色蔬菜，含有丰富的维生素A、维生素C、钙和铁，有利于胎儿的成长与骨骼发育，且可预防感冒、增强孕妇身体免疫力。

营养分析

热量246.3千卡
糖类20.5克
蛋白质5.6克
脂肪15.8克
膳食纤维2.9克

香菇烩白菜

营养分析

热量25.0千卡
糖类4.2克
蛋白质2.0克
脂肪0.4克
膳食纤维3.0克

材料

小白菜100克，香菇6朵

调料

盐、酱油各适量，橄榄油1大匙

做法

① 香菇用温开水泡过，去蒂；小白菜切段。

② 热油锅，放入小白菜略炒，再加入香菇一起翻炒。

③ 锅中加入适量水，以盐和酱油调味，最后盖上锅盖，待小白菜煮软即可食用。

营养小叮咛　香菇富含膳食纤维，具有很好的排毒作用，能帮助体内清除毒素，改善便秘症状；小白菜富含钙、磷、铁，可促进新陈代谢。

香菇茭白

材料

鲜香菇丝30克，蒜蓉20克，茭白丝200克

调料

盐、香油各1/4小匙，白糖1/5小匙，低盐酱油少许

做法

① 分别将鲜香菇丝、茭白丝汆烫，沥干水分备用。

② 热油锅，加入做法1中的材料、蒜蓉和调料，拌炒均匀即可。

营养小叮咛　茭白含有蛋白质、维生素A、维生素C及膳食纤维，可预防感冒、促进肠胃蠕动，且热量低、水分高，易有饱足感。

营养分析

热量68.7千卡
糖类11.7克
蛋白质4.0克
脂肪1.5克
膳食纤维5.4克

清炒黑木耳银芽

材料
黑木耳、绿豆芽各150克，芹菜75克，水10毫升，胡萝卜50克

调料
盐1/4小匙，橄榄油1大匙

做法
1. 黑木耳、胡萝卜切丝；绿豆芽去根洗净；芹菜切长段备用。
2. 热油锅，放入黑木耳丝、胡萝卜丝、芹菜段、水拌炒，以盐调味，再放入绿豆芽略炒即可食用。

营养小叮咛
黑木耳所含膳食纤维可使排便顺畅。绿豆芽富含维生素A、B族维生素、维生素E、蛋白质、钙、铁、钠等营养素，能预防疾病，消除疲劳。

营养分析
热量282.5千卡
糖类25.9克
蛋白质7.2克
脂肪16.7克
膳食纤维14.8克

香葱三文鱼

营养分析
热量573.0千卡
糖类2.2克
蛋白质49.9克
脂肪40.5克
膳食纤维0.7克

材料
葱段、葱丝各10克，三文鱼250克，蒜蓉5克，高汤50毫升

调料
酱油1大匙

做法
1. 将蒜蓉、酱油、高汤拌匀成为酱汁备用。
2. 三文鱼切块放入蒸盘，摆上葱段，淋上酱汁，再铺上葱丝，以大火蒸15分钟即可。

营养小叮咛
三文鱼富含维生素A能维护视力、B族维生素可稳定情绪。此道菜有助孕妇预防皮肤、头发干燥，以及避免感冒症状的发生。

香煎虱目鱼

材料
虱目鱼200克

调料
盐1/4小匙，米酒1小匙，柠檬汁适量

做法
1. 将虱目鱼抹上盐和米酒，腌渍30分钟备用。
2. 平底锅加热，鱼肚皮朝上入锅，盖上锅盖，用中小火慢慢煎至金黄色后翻面。
3. 续煎至熟盛盘，食用时放些柠檬汁在鱼肚上即可。

营养小叮咛
虱目鱼含有蛋白质、氨基酸、EPA和DHA等营养成分，可促进胎儿视力的发育，并可强化骨骼。

松子蒸鳕鱼

材料
鳕鱼150克，杏仁15克，核桃仁、松子仁各25克，葱花、蒜蓉、姜片各适量

调料
橄榄油1大匙，盐、酱油、大米酒各适量

做法
1. 鳕鱼洗净、均匀抹盐，淋上米酒，摆上姜片，放入电饭锅蒸熟。
2. 热油锅，爆香葱花、蒜蓉，放入核桃仁、松子仁、杏仁、少许盐，以小火拌炒。
3. 把做法2的材料浇在蒸熟的鳕鱼上，再淋上酱油即可。

营养小叮咛
核桃仁补脑；松子仁能增强体力、消除疲劳；杏仁可止咳化痰、润肺下气；此道菜具有滋补肝肾、润燥滑肠的功效。

营养分析

热量284.1千卡
糖类9.5克
蛋白质15.4克
脂肪20.5克
膳食纤维2.4克

干贝芦笋

材料

生干贝、蘑菇各20克，芦笋100克，葱1根，水100毫升，辣椒片适量

调料

盐1/4小匙，香油1大匙

做法

1. 芦笋洗净去外皮切成小段；葱洗净切末。
2. 蘑菇洗净切片，以开水略烫备用。
3. 热锅加入香油，爆香葱末、辣椒片，放入生干贝、芦笋段拌炒，再加蘑菇片，以大火略炒即可。

营养小叮咛 芦笋中的叶酸含量丰富，叶酸是胎儿脑神经发育的重要营养素，也是造血的重要元素，适合孕妇多加补充。

五彩墨鱼

材料

洋葱条、青椒条各10克，墨鱼100克，红、黄甜椒条、西芹段各20克

调料

盐1/4小匙，橄榄油1大匙

做法

1. 所有材料洗净；墨鱼洗净切花，备用。
2. 热油锅，放入墨鱼和所有材料以大火快炒，加盐调味即可。

营养小叮咛 青椒含维生素A、维生素K及有助于造血的铁；甜椒的维生素C可活化脑细胞。经常食用能促进孕妇铁质的吸收，并可增加抵抗力。

营养分析

热量164.8千卡
糖类6.0克
蛋白质11.6克
脂肪10.5克
膳食纤维1.6克

青豆虾仁蒸蛋

材料
鸡蛋2个，虾仁5只，青豆30克，水1.5杯

调料
盐适量

做法
1. 鸡蛋打散，以1：2的比例将蛋和水混合后加盐，过滤蛋泡再放入蒸杯中。
2. 虾仁挑去肠泥；青豆洗净备用。
3. 电饭锅外锅加水1杯，放入蒸杯，盖上盖子留一小孔，蒸约5分钟，摆上虾仁及青豆，续以小火蒸约10分钟即可。

营养分析
热量475.2千卡
糖类9.5克
蛋白质79.8克
脂肪13.1克
膳食纤维2.8克

营养小叮咛
虾中的锌是胎儿发育时的重要营养素。鸡蛋中的卵磷脂被肠胃吸收之后，会参与细胞的代谢，具有活化细胞、抗衰老的功效。

小黄瓜炒猪肝

营养分析
热量454.9千卡
糖类13.5克
蛋白质51.7克
脂肪21.6克
膳食纤维8.8克

材料
小黄瓜300克，猪肝170克，姜片适量

调料
酱油1大匙，盐、米酒、淀粉各适量，橄榄油1小匙

做法
1. 小黄瓜洗净切片；猪肝洗净切片，拌入米酒、酱油、淀粉腌渍到入味。
2. 热油锅，爆香姜片，放入小黄瓜、猪肝一起拌炒。
3. 加盐调味，拌匀即可。

营养小叮咛
小黄瓜有清热、利尿的作用；猪肝可养肝、补血、明目；食用这道菜，具有清热解毒、养肝明目之功效。

鲜菇镶肉

营养分析

热量412.5千卡
糖类23.2克
蛋白质53.5克
脂肪11.8克
膳食纤维6.5克

🍴 **材料**

胡萝卜15克，猪肉馅200克，鸡蛋1个，干香菇6朵，葱1根

🧂 **调料**

盐2小匙，白糖、米酒各1小匙，水淀粉3大匙，淀粉适量

🍲 **做法**

1. 香菇泡软、去蒂，里面抹上淀粉；鸡蛋取蛋清；胡萝卜、葱切末。

2. 猪肉馅加胡萝卜末、葱末、蛋清、1小匙盐、米酒拌匀，均匀镶入香菇中，摆盘后放入蒸笼蒸约5分钟，取出。

3. 锅中加1小匙盐、白糖和水淀粉，以小火煮成芡汁，淋在做法2的食材上即可。

滑蛋牛肉

营养分析

热量1605.5千卡
糖类3.7克
蛋白质56.0克
脂肪151.9克
膳食纤维0.8克

🍴 **材料**

鸡蛋5个，牛肉150克，葱花30克

🧂 **调料**

Ⓐ 盐1/4小匙，橄榄油3大匙 Ⓑ 米酒、酱油各1大匙，淀粉1小匙，水15毫升

🍲 **做法**

1. 牛肉切薄片，用调料B腌20分钟。

2. 鸡蛋打散，加盐打匀，放入葱花搅匀备用。

3. 热油锅，将牛肉大火过油至8分熟时捞出沥干，并放进蛋汁中搅拌均匀。

4. 锅中留1大匙油烧热，倒入做法3，用铲子在锅中转圈滑动，炒至蛋汁呈8分熟即可。

营养小叮咛　牛肉可预防贫血，维持脑部功能正常，提高身体免疫力。怀孕中、后期食用牛肉，可调节荷尔蒙分泌，补气强身。

枸杞子炒金针

材料
枸杞子20克，新鲜金针200克，姜丝10克，水500毫升

调料
盐1/4小匙，橄榄油1大匙

做法
1. 枸杞子洗净泡软备用。
2. 新鲜金针去蒂洗净，滚水汆烫后捞出，浸泡在水中，备用。
3. 热油锅，爆香姜丝，放入枸杞子、金针拌炒，加盐调味即可。

营养小叮咛　竹笋中的膳食纤维，能清洁肠道；维生素C可增强抵抗力。竹笋高纤低脂，具有刺激肠胃蠕动、帮助消化的作用。

开洋西蓝花

材料
虾米25克，蒜3瓣，西蓝花200克，辣椒1/2个，水1大匙

调料
盐、白糖各1/4小匙，米酒1/2大匙，橄榄油1小匙，香油1/6小匙

做法
1. 蒜、辣椒切片；西蓝花切小朵，汆烫后捞起沥干。
2. 热油锅，爆香蒜片、辣椒片、虾米，加西蓝花、水炒匀。续加盐、白糖、米酒煮滚，盛盘，再淋上香油即可。

营养小叮咛　虾米含蛋白质、钙、甲壳素，有助补充钙质，预防骨质的流失；西蓝花含槲皮素、类黄酮，具抗癌抗菌效果。

姜丝炒冬瓜

材料
冬瓜300克，高汤60毫升，姜丝、虾米各10克

调料
橄榄油1大匙，盐1/4小匙，香油、胡椒粉各少许

做法
1. 冬瓜去皮去籽，洗净切片后，入水汆烫约5分钟，捞出沥干备用。
2. 热油锅，爆香姜丝、虾米，放入做法1的冬瓜拌炒，倒入高汤、所有调料拌匀，烧煮入味即可。

营养小叮咛　冬瓜具有生津止渴、清胃降火的功效，能改善孕期孕妇易发生的水肿问题，且低钠、低热量，所含膳食纤维也有助通便整肠。

蒜蓉菜豆

材料
豇豆200克，蒜10克，牛肉50克

调料
酱油2小匙，胡椒粉1/6小匙，米酒、橄榄油各1小匙

做法
1. 豇豆切小段；蒜切碎；牛肉切碎备用。
2. 热油锅，爆香蒜蓉、碎牛肉。
3. 加入除橄榄油外的其余调料略炒，放入豇豆段及少量水煮熟。

营养小叮咛　豇豆含丰富的膳食纤维、叶酸、钙、铁、维生素C等营养素，不仅可帮助牙齿、骨骼发育，并有补血、造血的功效。

鲜菇烩上海青

材料

上海青250克，葱段适量，盐水100毫升，高汤300毫升，新鲜香菇10朵

调料

盐1/4小匙，橄榄油1大匙

做法

① 香菇泡盐水10分钟后洗净去蒂。

② 锅内加水煮沸加盐，放入上海青烫软捞起。

③ 热油锅，爆香葱段后放入香菇，加盐拌炒，再倒入高汤同煮，至汤汁略收，淋在做法2的上海青上即可。

营养小叮咛　上海青含有丰富的维生素C、钙和叶酸，有助胎儿发育，且有助于维持胎儿牙齿、骨骼强壮；维生素A对保护眼睛有极佳的作用。

豌豆炒蘑菇

材料

豌豆100克，蘑菇80克，火腿丁20克，蒜蓉、辣椒片、姜丝、胡萝卜丝各5克，水260毫升

调料

盐1/4小匙，米酒1小匙，橄榄油1大匙

做法

① 蘑菇切片；豌豆去侧茎硬丝。

② 汤锅加水，水滚后放入蘑菇煮约30秒，续入豌豆，水滚捞起。

③ 热油锅，爆香蒜蓉、辣椒片、姜丝、米酒后，放入胡萝卜丝、做法2的食材略炒，加盐调味即可。

营养小叮咛　豌豆可抗菌消炎；蘑菇含铁丰富，具益气补血的功效。此道菜肴营养丰富，并能促进孕期中孕妇的新陈代谢。

红茄杏鲍菇

🌱 **材料**
西红柿2个，杏鲍菇2朵，水100毫升，蒜片、葱段各5克

🍶 **调料**
盐1/4小匙，橄榄油1大匙

🍳 **做法**
❶ 西红柿、杏鲍菇切块，备用。
❷ 热油锅，爆香蒜片、葱段，放入西红柿块后加水烹煮，续入杏鲍菇翻炒，加盐调味即可。

营养分析
热量323.8千卡
糖类26.1克
蛋白质6.7克
脂肪21.4克
膳食纤维8.8克

营养分析
热量305.2千卡
糖类17.3克
蛋白质9.9克
脂肪21.8克
膳食纤维9.3克

蒜香红薯叶

🌱 **材料**
红薯叶300克，蒜3瓣，水1大匙

🍶 **调料**
Ⓐ 酱油膏1大匙，白糖1小匙 Ⓑ 橄榄油1大匙

🍳 **做法**
❶ 将红薯叶挑掉粗茎后洗净，滚水氽烫至熟，捞起装盘备用。
❷ 蒜切末备用。
❸ 锅内放入橄榄油烧热，以小火炒香蒜蓉，再加入水和调料A煮滚即可熄火。
❹ 将做法3的食物上直接淋至红薯叶上，食用前拌匀。

奶油白菜

🥬 **材料**

大白菜300克，洋菇片20克，奶酪丝100克，高汤500毫升，奶油1大匙

🧂 **调料**

盐1/4小匙

🍳 **做法**

1. 大白菜洗净切大片，放入煮滚的高汤中，以中小火烫煮变软，捞出沥干，再放入焗烤盘备用。

2. 将奶油、盐、洋菇片加入大白菜盘中拌匀，撒上奶酪丝，移入预热的烤箱中，以上火或下火200℃烘烤，至表面呈金黄色即可。

营养小叮咛

大白菜膳食纤维丰富，有助肠胃蠕动；丰富的维生素A、维生素C，可保护细胞结构与功能，帮助胎儿的细胞分裂增生维持正常。

营养分析

热量713.6千卡
糖类61.4克
蛋白质22.8克
脂肪41.9克
膳食纤维3.1克

营养分析

热量395.5千卡
糖类30.3克
蛋白质17.4克
脂肪22.8克
膳食纤维5.2克

西红柿奶酪沙拉

🥬 **材料**

西红柿2个，罗勒叶、玉米粒、奶酪各50克，葱1根

🧂 **调料**

橄榄油、白醋各2小匙，白糖1小匙，黑胡椒粉1/6小匙

🍳 **做法**

1. 所有材料洗净，罗勒叶、奶酪、葱均切碎，西红柿切片状。

2. 将玉米粒、西红柿片摆入盘中，再撒上罗勒叶、奶酪和葱末。

3. 将调料混匀后，淋入食材上，即可食用。

营养小叮咛

奶酪含蛋白质、钙、B族维生素等多种营养素，是促进胎儿骨骼、牙齿成长的重要来源，且有助于胎儿神经系统发育。

红茄绿菠拌鸡丝

材料
西红柿2个，菠菜100克，鸡胸肉250克，姜丝适量

调料
盐、酱油、白糖、香油各适量

做法
1. 菠菜洗净切段；西红柿去皮去籽、切薄片。
2. 汤锅加水煮滚，将菠菜段、鸡胸肉依序烫熟后，将鸡胸肉撕成细丝备用。
3. 在碗中放入鸡胸肉丝、菠菜段、西红柿片、姜丝，加入所有调料拌匀即可食用。

营养小叮咛 菠菜补血、助消化；鸡胸肉活血、健胃；西红柿具有清热解毒、抑制细胞病变的功效。孕妇食用这道菜有利于养血滋阴，维持好气色。

鲜笋沙拉

材料
竹笋120克

调料
蛋黄酱适量

做法
1. 竹笋洗净，放入滚水中煮约20分钟。
2. 将煮熟的竹笋去皮切块，放凉后盛盘，将蛋黄酱淋在竹笋上即可。

营养小叮咛 竹笋中的膳食纤维能清洁肠道，维生素C可增强抵抗力。竹笋高纤低脂，具有刺激肠胃蠕动、帮助消化的作用。

银鱼紫菜羹

材料

银鱼100克，紫菜1片，鸡蛋1个，高汤、姜丝各适量

调料

盐、白糖各1/4小匙，香油适量

做法

❶ 紫菜泡水，散开后沥干水分；银鱼洗净；鸡蛋打成蛋液。

❷ 汤锅加入高汤煮滚，放入银鱼煮滚后，续入紫菜、姜丝和调料。

❸ 再次煮滚后，洒入蛋液、香油，稍微搅拌即可。

营养小叮咛

孕妇多吃银鱼可补充钙质；紫菜富含铁、钙、磷，能补血、促进肠胃机能；丰富的B族维生素，可促进胎儿神经发育。

营养分析

热量184.0千卡
糖类9.3克
蛋白质20.9克
脂肪7.0克
膳食纤维2.3克

营养分析

热量128.4千卡
糖类13.8克
蛋白质7.1克
脂肪5.0克
膳食纤维3.1克

芝麻虾味浓汤

材料

黑芝麻10克，虾壳100克，四季豆50克，脱脂牛奶100毫升

调料

盐1/4小匙，胡椒粉少许

做法

❶ 黑芝麻用烤箱烤熟；虾壳用烤箱烤至香酥；四季豆切丁，备用。

❷ 虾壳放入果汁机中，分次加入牛奶与适量的水搅打均匀。

❸ 将做法2用以小火煮沸，加入四季豆和调料煮熟，撒黑芝麻混匀即可。

营养小叮咛

芝麻富含不饱和脂肪酸、钙质、维生素B₁、维生素B₂、铁质，能补肝肾、润五脏，是相当滋补的食品。

紫菜玉米排骨汤

🌱 材料
紫菜10克，排骨100克，玉米50克

🍶 调料
盐、胡椒粉各1/6小匙

🍲 做法
❶ 紫菜剪小段；排骨、玉米剁成块状，备用。

❷ 排骨放入滚水中汆烫，以水冲净去除杂质。

❸ 汤锅加入适量的水，将排骨熬煮50分钟。

❹ 续入玉米熬煮40分钟，最后放入紫菜和调料略煮即可。

营养小叮咛　　紫菜富有蛋白质，且易消化吸收；玉米富含的膳食纤维能保肠道健康，是改善便秘的好食物；排骨中的镁是细胞新陈代谢的必要元素。

营养分析
热量288.1千卡
糖类7.3克
蛋白质21.4克
脂肪19.3克
膳食纤维1.9克

胡萝卜炖肉汤

营养分析
热量1084.6千卡
糖类27.7克
蛋白质31.8克
脂肪94.1克
膳食纤维3.9克

🌱 材料
土豆50克，葱段10克，姜片2片，红枣3个，水50毫升，五花肉200克，胡萝卜100克

🍶 调料
🅐 酱油2大匙，陈醋、白糖、米酒各1小匙 🅑 橄榄油1大匙

🍲 做法
❶ 胡萝卜、土豆切块；五花肉切块汆烫。

❷ 热油锅，爆香葱段、姜片，加入五花肉及胡萝卜、土豆拌炒，再加入红枣、调料A和水焖煮20分钟即可。

营养小叮咛　　胡萝卜富含有益胎儿成长所需的营养素，能提高怀孕期间的免疫力，改善眼睛疲劳、贫血，还能帮助血液循环。

南瓜蘑菇浓汤

材料

蘑菇100克，南瓜250克，水少许

调料

脱脂牛奶1/2杯，盐1/4小匙，胡椒粉少许

做法

① 南瓜蒸熟后去籽去皮，切小块。

② 将南瓜块和蘑菇加入脱脂牛奶及少许水一起煮开。

③ 最后加入盐和胡椒粉调匀即可。

营养小叮咛　　菇类被证实可抗氧化，且富含膳食纤维；南瓜是维生素A的优质来源，也是补血圣品，多吃可防癌，提高人体免疫力。

竹荪鸡汤

材料

竹荪40克，鸡腿1只，香菇3朵，胡萝卜适量，姜20克，高汤1000毫升

调料

盐1/4小匙，白醋适量

做法

① 鸡腿去骨，切块洗净，放入滚水中汆烫取出；胡萝卜、姜切片。

② 竹荪略泡水后切成段，放入添加白醋的滚水中汆烫取出。

③ 锅中加入高汤煮滚，放入所有材料煮约10分钟，再加盐调味即可。

营养小叮咛　　竹荪属于菌菇类食材，性质温和，蛋白质含量高，且富含维生素A、B族维生素，不但能滋补健体，且可调节人体的新陈代谢。

甘麦枣藕汤

🌱 材料

莲藕250克，小麦75克，甘草12克，红枣5颗，水适量

🍶 调料

盐1/4小匙，醋少许

🍲 做法

1. 小麦洗净，泡水1小时；莲藕去皮切片，放入清水（加少许醋）浸泡5分钟。
2. 将小麦、甘草、红枣放入砂锅中，加入适量水煮滚。
3. 莲藕放入做法2中以小火煮软，加盐调味即可。

营养小叮咛　小麦具有养心安神的作用；甘草、红枣能健脾益胃，达到益气生津的功效；莲藕可以补血，有宁心、安神的作用。

红豆杏仁露

🌱 材料

红豆30克，杏仁100克，水适量

🍶 调料

冰糖适量

🍲 做法

1. 红豆洗净，放入电锅中蒸软备用。
2. 杏仁泡水3小时，将杏仁与浸泡的水，一同放入果汁机中打匀，过筛取汁。
3. 杏仁汁倒入锅中煮滚，加入红豆、冰糖调味即可。

营养小叮咛　杏仁含有维生素E、植物性蛋白质、不饱和脂肪酸等，可促进大脑细胞发育，其丰富的膳食纤维，能帮助肠道蠕动。

安神八宝粥

材料
桂圆15克，红枣、黑枣各3颗，红豆、花豆、绿豆、莲子各10克，圆糯米100克，水4000毫升

调料
白糖3大匙

做法
1. 圆糯米、红豆、花豆、绿豆洗净泡水。
2. 将红豆、花豆、绿豆、莲子倒入锅中，加入水2000毫升，以小火煮软。
3. 将圆糯米、红枣、黑枣与做法2，另加水2000毫升一同熬煮。
4. 待熟后，加入桂圆及白糖拌匀即可。

营养小叮咛　　红豆高纤助排便，含铁可补血；绿豆含蛋白质、维生素A、B族维生素、维生素C，有退燥热、降血压的作用；莲子能补心益脾、养血安神。

藕节红枣煎

材料
藕节250克，红枣500克，水适量

做法
1. 将藕节洗净，加水煎至浓稠状。
2. 放入红枣煮熟即可。

营养小叮咛　　莲藕能健脾生肌、养胃滋阴，富含铁，对缺铁性贫血有益。红枣丰富的维生素C可增强母体免疫力，促进孕妇对铁的吸收。

蜜桃奶酪

🌾 材料
甜桃300克，奶酪4个，水适量

🍶 调料
白糖2.5大匙

🍴 做法
❶ 甜桃去核切块。
❷ 锅中加入白糖及2大匙水煮溶。放入甜桃块，以中火煮5分钟，再翻面以小火煮15分钟，待凉后放入密封罐冰镇。
❸ 将做法2切成泥状，放在奶酪上即可。

营养分析
热量613.8千卡
糖类99.8克
蛋白质17.0克
脂肪19.5克
膳食纤维5.1克

营养小叮咛
桃子富含铁和果胶，能预防便秘；其丰富的有机酸和膳食纤维，可促进肠胃蠕动、增加食欲，适合孕妇在食欲不佳的怀孕初期食用。

松子红薯煎饼

营养分析
热量485.2千卡
糖类82.9克
蛋白质7.9克
脂肪13.5克
膳食纤维6.1克

🌾 材料
中筋面粉、红薯各50克，松子20克，炼乳少许，水、黑芝麻各适量

🍶 调料
白糖1大匙

🍴 做法
❶ 将面粉加水揉成面团，分成4块，擀成圆形的饼皮。
❷ 将红薯蒸熟压成泥，加白糖、松子、炼乳，搅拌均匀成为内馅。
❸ 将内馅包入圆形饼皮中，表面沾少许水裹上黑芝麻，两面煎成金黄色即可。

营养小叮咛
红薯含有丰富的膳食纤维，有助于代谢体内的宿便，同时可以防止钙质流失，具有安神的效果，是十分健康的食材。

71

葡萄干腰果蒸糕

🍲 材料
低筋面粉160克，鸡蛋2个，水150毫升，泡打粉10克，腰果、葡萄干少许

🧂 调料
白糖4大匙，盐少许

🍴 做法
❶ 把鸡蛋、水打匀，加入过筛的低筋面粉、白糖、盐及泡打粉拌匀。

❷ 将面糊倒入模子中，上面撒上葡萄干、腰果，放入锅中蒸熟即可。

营养小叮咛　适量摄取腰果可使排便顺畅。葡萄干含丰富的铁，其主要成分为葡萄糖，体内吸收后能变成身体需要的能量，有效消除疲劳。

芝麻香蕉牛奶

🍲 材料
香蕉1根，牛奶300毫升，芝麻粉1小匙

🍴 做法
❶ 香蕉去皮、切段。

❷ 将所有材料放入果汁机中，搅打均匀即可。

营养小叮咛　香蕉含钾量高，能润肠通便，改善孕期便秘问题；微量元素锌，可促进胎儿中枢神经系统发育。但香蕉性寒，空腹不宜食用。

美颜葡萄汁

🌾 材料
葡萄20粒

🧂 调料
蜂蜜1大匙

🍴 做法
① 葡萄洗净，放入果汁机中打汁，以滤网过滤果皮和果渣。

② 可依个人喜好，调入蜂蜜拌匀饮用。

营养分析

热量160.2千卡
糖类41.3克
蛋白质1.4克
脂肪0.4克
膳食纤维1.2克

营养小叮咛　　葡萄有利尿、清血、健胃、强筋骨、除风湿等功效，可消除水肿烦渴，改善虚胖问题，还有安胎的作用，能帮助胎儿发育。

核桃糙米浆

🌾 材料
熟花生仁、核桃各20克，糙米100克，水1800毫升

🧂 调料
白糖2大匙

🍴 做法
① 糙米洗净后，浸泡1小时备用。

② 将糙米、花生仁、核桃加入800毫升的水，放入豆浆机中搅打成浆。

③ 将做法2加入1000毫升的水，用小火煮至沸腾，再加入白糖，搅拌至糖溶化即可。

营养小叮咛　　糙米含蛋白质、维生素A、B族维生素，能促进肠胃蠕动，帮助排毒，预防孕期中的便秘与水肿，且易有饱足感，有益补气养血。

营养分析

热量816.9千卡
糖类131.3克
蛋白质16.2克
脂肪25.2克
膳食纤维6.4克

核桃仁紫米粥

营养分析

热量3568.2千卡
糖类158.0克
蛋白质77.6克
脂肪291.8克
膳食纤维27.7克

材料

紫米150克,核桃仁40克,枸杞子20克,水800毫升

调料

冰糖1大匙

做法

1. 紫米洗净浸泡一晚。
2. 紫米加水以大火煮开,续转小火煮到熟烂,加入核桃仁、枸杞子煮约10分钟,再以冰糖调味即可。

营养小叮咛

核桃仁能健脑、提升记忆力;紫米含微量元素及铁质,有补血功效,并富含多元不饱和脂肪酸,有利胎儿脑细胞发育。

燕麦浓汤面包盅

营养分析

热量533.6千卡
糖类83.9克
蛋白质16.0克
脂肪14.9克
膳食纤维15.0克

材料

燕麦片、洋葱各50克,西芹半杯,杂粮面包1个,鸡肉高汤500毫升,奶油10克

调料

盐1/4小匙

做法

1. 西芹去粗纤维,切丁;洋葱去皮切丁,备用。面包切开口,挖成碗状。
2. 热锅,放入奶油溶化,加洋葱丁、西芹丁炒香,再加燕麦片、鸡肉高汤,小火熬煮约15分钟后放置冷却,再以果汁机打匀成浓汤,加盐调味,盛入面包碗内即可。

营养小叮咛

燕麦富含B族维生素,可增强体力。研究指出大量摄取燕麦糠,能降低血清总胆固醇,有效预防心血管疾病。

冰糖参味燕窝

营养分析
热量106.0千卡
糖类25.4克
蛋白质1.0克
脂肪0.1克
膳食纤维1.9克

材料
燕窝20克，干百合18克，红枣5颗，水1000毫升，东洋参、麦门冬、玉竹各3克

调料
冰糖适量

做法
1. 干百合以冷水泡发；红枣去核。燕窝以滚水浸至透明，发透后再过温水2～3次。
2. 将东洋参、麦门冬、玉竹加水250毫升煮滚，转小火煮至水剩一半，过滤取汁备用。
3. 将燕窝放入做法3，再加百合、红枣一起蒸熟即可。

营养小叮咛
燕窝含有丰富的活性蛋白质，能提高孕妇身体免疫力。孕妇在妊娠期间进食，则有安胎、补胎之效。

营养分析
热量1361.5千卡
糖类243.2克
蛋白质45.6克
脂肪22.9克
膳食纤维26.3克

红豆莲藕凉糕

材料
椰子粉10克，莲藕粉100克，红豆泥200克，水250毫升

调料
白糖、橄榄油各1大匙

做法
1. 莲藕粉加入100毫升冷水拌匀，倒入150毫升的滚水中，续入白糖搅拌成黏糊状的粉浆。
2. 取一容器，先抹少许油以利脱模，将一半粉浆倒入容器铺平，蒸5分钟后取出。
3. 将红豆泥铺在蒸过的粉浆上，再将另一半粉浆倒在红豆泥上后，续蒸约25分钟。
4. 待凉后放入冰箱1天，取出脱模后切成块，撒上椰子粉即可。

葡汁蔬果沙拉

材料
去皮葡萄8颗，葡萄汁60毫升，葡萄干2小匙，生菜100克，苹果1个，玉米粒50克

调料
色拉酱300克，果糖1小匙

做法
1. 生菜洗净撕成小块；苹果洗净切片备用。
2. 将葡萄汁、色拉酱、葡萄干、果糖、去皮葡萄放入碗中拌匀，即为"葡萄沙拉酱汁"。
3. 将生菜、苹果片、玉米粒放入碗中，淋上葡萄沙拉酱汁即可。

营养小叮咛　葡萄含有丰富的铁质，是补血很好的食材。孕妇多吃葡萄，不但对胎儿有益，亦能使孕妇自己面色红润、血脉畅通。

高纤苹果卷饼

材料
苹果60克，苜蓿芽20克，豌豆苗、葡萄干各10克，蛋饼皮2张

调料
蜂蜜1小匙

做法
1. 苹果洗净切成长条状；苜蓿芽、豌豆苗洗净沥干；蛋饼皮煎熟备用。
2. 将苜蓿芽、豌豆苗铺在蛋饼皮上，再依序放入苹果、葡萄干，淋上蜂蜜，再将蛋饼皮卷好，即可食用。

营养小叮咛　此甜点具有大量的抗氧化物质，能够保护肌肤，让气色红润；苹果富含的膳食纤维可促进消化，促进宿便排出。

鲜果奶酪

材料

鲜奶油50毫升，牛奶250毫升，明胶2片，樱桃6颗，猕猴桃丁20克，水100毫升

调料

白糖2大匙

做法

1. 明胶片泡水，待软后捞出；樱桃切丁。
2. 将牛奶、白糖拌匀煮溶，再加入明胶片、鲜奶油拌匀，倒入碗中待凉。
3. 将做法2中的食材倒扣盘中，放入樱桃丁、猕猴桃丁即可食用。

营养小叮咛

樱桃的铁质含量居水果之冠，铁质是怀孕期间孕妇所需的重要营养素之一；猕猴桃丰富的维生素C，可增孕妇强免疫力。

红枣枸杞子黑豆浆

材料

黑豆80克，黑芝麻40克，枸杞子、红枣各30克，糯米100克，温开水900毫升

做法

1. 全部材料洗净，放入温开水中浸泡半小时。
2. 将材料取出，全部放入果汁机中，再加开水2杯打成浆状。
3. 将做法2中的浆汁倒入锅中，以大火煮熟后即可。

营养小叮咛

黑豆浆富含膳食纤维，能促进肠道蠕动和消化；黑芝麻含维生素E，可保持肠道健康，避免便秘。

酸奶葡萄汁

🌱 材料

葡萄300克，原味酸奶200毫升

🥢 调料

蜂蜜1/2小匙

📖 做法

❶ 葡萄洗净，去除蒂头后，和原味酸奶一并放入果汁机中，转高速充分搅拌均匀。

❷ 将搅拌好的食材滤网滤渣后，加蜂蜜拌匀即可饮用。

营养小叮咛　该汁可增进食欲，促进肠胃蠕动，加速积存体内的废物排出。并有增强孕妇免疫力、预防感冒、补血养气的功效。

莓果胡萝卜汁

🌱 材料

草莓5颗，胡萝卜半根

🥢 调料

柠檬汁、蜂蜜各1小匙

📖 做法

❶ 草莓洗净，去除蒂头；胡萝卜洗净后，去皮切块状。

❷ 将草莓、胡萝卜、调料放入果汁机中打匀后，即可饮用。

营养小叮咛　此道饮品中含多种果酸、维生素及矿物质，可预防贫血、增强体力，也有助于消化，还能使孕妇放松神经，提高睡眠质量。

香橙布丁

🥣 材料
柳橙汁390毫升，牛奶50毫升，明胶片2片，柳橙果粒50克，水适量

🥄 调料
白糖3大匙

🍲 做法
1 明胶片用水泡软，并挤干水分。
2 柳橙汁、柳橙果粒、白糖、牛奶倒入锅中煮沸后，加入明胶片搅拌溶解。
3 待降温之后，分装入玻璃容器内，放入冰箱冷藏待其凝固，即可食用。

营养分析

热量480.9千卡
糖类112.8克
蛋白质2.1克
脂肪2.3克
膳食纤维0.1克

营养小叮咛 柳橙能滋润健胃，消除胆固醇、脂肪；丰富的膳食纤维可预防便秘；大量的维生素C，具有增强抵抗力、预防感冒的作用。

红豆白菜汤

🥣 材料
红豆50克，大白菜片150克

🥄 调料
盐1/4小匙

🍲 做法
1 红豆用水浸泡一晚。
2 取汤锅加适量的水煮滚后，放入大白菜及红豆熬煮熟烂。
3 加盐调味即可。

营养分析

热量184.1千卡
糖类33.4克
蛋白质12.9克
脂肪0.6克
膳食纤维7.5克

营养小叮咛 大白菜性凉，可排除体内多余的水分。红豆具有利尿、消肿的作用，可改善怀孕后期孕妇下肢肿胀的情形。

玉米浓汤

🌱 **材料**
玉米酱30克，洋葱丝10克，玉米粒、火腿各15克，土豆50克，高汤300毫升，奶油1大匙

🧂 **调料**
盐1/4小匙，胡椒粉适量

🍲 **做法**

❶ 火腿切丁；土豆煮软、切块与高汤加入果汁机中，打成泥状。

❷ 热锅加入奶油，待奶油溶化后，放入土豆泥拌匀成浓汤状。

❸ 续入洋葱丝、火腿丁、玉米酱、玉米粒煮沸，加入调料拌匀即可。

营养小叮咛　玉米中的维生素E可防止皮肤病变，具有刺激大脑细胞，增强脑力的功效。对于膳食上宜荤素搭配的孕妇来说，是一种很好的选择。

营养分析
热量246.1千卡
糖类20.2克
蛋白质4.9克
脂肪16.2克
膳食纤维2.2克

营养分析
热量1550.5千卡
糖类123.4克
蛋白质53.6克
脂肪93.6克
膳食纤维4.2克

奶酪浓汤

🌱 **材料**
西蓝花、洋葱、土豆、胡萝卜、鸡胸肉各50克，水1000毫升，牛奶100毫升，奶酪180克，奶油3大匙

🧂 **调料**
盐1/4小匙，黑胡椒粉少许

🍲 **做法**

❶ 西蓝花去梗，与其他食材一起切丁；奶酪切小块。热锅用奶油将洋葱丁炒软，放入土豆丁、胡萝卜丁炒匀，加水煮15分钟。

❷ 接着放入鸡丁、牛奶、西蓝花、奶酪煮10分钟，加盐、黑胡椒粉调味即可。

营养小叮咛　奶酪中所含的乳酸菌有助于健胃整肠；丰富的钙质可有助于强化胎儿牙齿及骨骼的健全发育，提供怀孕期间孕妇所需的营养。

营养分析

热量397.0千卡
糖类22.9克
蛋白质47.3克
脂肪11.9克
膳食纤维0.8克

金针花猪肝汤

材料

干金针花30克，猪肝片150克，嫩姜3片，高汤2杯

调料

香油1/4小匙，盐1小匙，水淀粉2小匙

做法

1. 所有材料洗净。干金针花泡水15分钟，捞起，再用清水冲洗一次；嫩姜片切丝；猪肝片汆烫后冷却备用。
2. 高汤倒入锅中，加盐、姜丝和金针花煮沸，转小火续煮2分钟。
3. 放入猪肝片，煮滚后以水淀粉勾芡，淋上香油即可。

营养小叮咛

金针花有清肝、利尿的作用；猪肝具明目、补益气血的功效。此道汤品可帮助孕妇恢复体力、稳定情绪。

当归枸杞炖猪心

材料

猪心250克，大骨100克，当归5克，枸杞子2克，水500毫升，高汤200毫升，姜片适量

调料

盐1/4小匙，米酒1小匙

做法

1. 猪心切厚片；大骨剁成块；当归切片；枸杞子泡水洗净。
2. 汤锅加水，待水滚放入猪心、大骨，中火煮净血水，捞出洗净。
3. 在小炖盅放入猪心、大骨、当归、枸杞子、姜片，加入调料、高汤，炖煮1.5小时即可。

营养小叮咛

此炖品可补气活血、补肝肾，所含维生素B_1、维生素B_2、维生素C等，有利于胎儿的成长发育。但当归有活血作用，孕妇应视体质适当食用。

营养分析

热量370.1千卡
糖类5.0克
蛋白质40.3克
脂肪21.0克
膳食纤维0.3克

甜薯芝麻露

营养分析
热量613.5千卡
糖类118.4克
蛋白质12.7克
脂肪9.9克
膳食纤维12.3克

材料
红薯350克，黑芝麻粉10克，黄豆粉20克，开水120毫升

调料
红糖1大匙

做法
❶ 红薯洗净，蒸熟后切成适当大小的块。
❷ 将黑芝麻粉、黄豆粉放入果汁机中，加入开水及红糖，打至材料细碎成汁，加入红薯块即可。

营养小叮咛 红薯富含维生素A、维生素C，有助于抗氧化；黑芝麻的维生素E丰富，与维生素C的食材搭配食用，可加强铁的吸收，有助于胎儿造血。

木瓜银耳甜汤

营养分析
热量578.4千卡
糖类125.3克
蛋白质14.8克
脂肪2.0克
膳食纤维40.6克

材料
木瓜600克，银耳3朵，水2000毫升

调料
冰糖1大匙

做法
❶ 木瓜去皮去籽，切小块；银耳用热水泡软，备用。
❷ 汤锅放入所有材料，以中小火煮1.5小时，加冰糖调味即可。

营养小叮咛 木瓜含胡萝卜素、维生素A、B族维生素、维生素C、钙、钾、铁、抗氧化物、木瓜酵素等营养素，可平衡人体酸碱度，预防便秘，提高免疫力。

养身蔬果汁

🌾 材料
圣女果、西芹各50克，菠萝100克，苹果20克，柠檬1/2颗

🍶 调料
蜂蜜1小匙

🍴 做法
1. 圣女果洗净；西芹洗净切段；菠萝、苹果、柠檬去皮切块。
2. 将圣女果、西芹、菠萝、苹果、柠檬放入果汁机中，加入冷开水打匀。
3. 续入蜂蜜调味，拌匀即可。

营养小叮咛
利尿，搭配有平衡血压、促进新陈代谢作用的西芹，有助于清除积存于肝脏内的毒素。

营养分析
热量381.1千卡
糖类90.9克
蛋白质2.0克
脂肪1.1克
膳食纤维3.4克

营养分析
热量102.2千卡
糖类25.9克
蛋白质0.7克
脂肪0.1克
膳食纤维1.1克

蜂蜜草莓汁

🌾 材料
草莓60克，冷开水适量

🍶 调料
蜂蜜2大匙

🍴 做法
1. 草莓洗净去蒂，放入冷开水中浸泡。
2. 将草莓取出放进果汁机中打成糊状，倒入杯中，再加蜂蜜调匀。
3. 加入适量冷开水冲泡，放入冰箱中冰镇后即可饮用。

营养小叮咛
草莓中的鞣酸有助解毒抗癌，增加身体免疫力；维生素C能帮助对抗肠道病毒感染，使肠道保持健康，还可预防感冒。

樱桃牛奶

🥬 材料

去籽樱桃　40克
苹果　　　40克
低脂牛奶　700毫升

营养分析

热量578.4千卡
糖类125.3克
蛋白质14.8克
脂肪2.0克
膳食纤维40.6克

🍴 做法

❶ 樱桃和苹果放入果汁机中，加入少许低脂牛奶后略微打散。

❷ 将所有低脂牛奶加入打匀即可。

营养小叮咛　樱桃中的铁可预防孕期中孕妇易发生的缺铁性贫血；类胡萝卜素和维生素C可养颜美容、预防感冒；膳食纤维能促进肠胃蠕动。

下篇

产妇的月子餐

产后新妈妈的饮食对调养身体是非常重要的。要合理的安排饮食，调理好身体，让身体更好地恢复。

坐月子有学问，何谓坐好月子？

坐月子可以说是中国人的传统，几乎有华人的地方就有坐月子的习俗存在，虽然大部分的人都知道坐月子有益产妇分娩后的身心恢复，但却不一定都了解为何要坐月子，以及如何坐好月子、如何保健？以下提供几项重点供读者做参考。

为何要坐月子？

怀孕时期胎儿的生长发育所需要的养分都来自于母体，分娩时所耗费的体力、大量血液流失对产妇来说是相当大的耗损，分娩的过程导致体力的耗弱、气血流失而造成抵抗力降低，因此产后对产妇而言，是调理身体相当重要的时期。有许多临床经验发现女性在生产或小产之后，没有调养好身体，导致日后体弱多病，例如，容易疲劳、腰酸、经期不顺、常感冒、慢性病衍生等问题。

产后的30~50天在饮食、生活习惯以古例为原则，搭配医学修正为符合现代人适合的坐月子方法，并着重均衡营养、药膳温补、调养生息为最正确的原则。

坐月子期间的生活作息与注意事项

❶ 忌食生冷与凉性的食物

冰品与凉饮是绝对禁止的，而竹笋、冬瓜、大白菜、梨子、橘子、西红柿、苦瓜等这类偏凉性的蔬果，在坐月子期间的初期也不建议摄取。

❷ 保持好心情、充足睡眠

产妇除了喂母乳与照顾新生儿之外，要保持心情的愉悦，不可伤心神。

❸ 避免长时间看书、用电脑

坐月子主要目的就是要调养生息，绝对避免用眼过度或过度使用手机、计算机、看电视，可多听音乐。

❹ 多休息且避免提重物

适度的走动与伸展可以帮助腹部肌肉的恢复，更可避免过度卧床而造成的不适，但应减少不必要的上下楼梯与外出。

❺ 食物要温热食用

女性在平时或月经周期就不该食用生冷冰品，月子期间的餐点中多有药膳，也宜温热饮食，有助于行气补血。

❻ 避免碰冷水、吹风，避免感冒

经过生产过程的精力耗损，此时产妇的抵抗力较差，所以较为脆弱，要避免碰冷水与吹冷风，注意室温，以舒服为原则，避免过冷过热。

❼ 注意阴部、肛门的清洁，避免感染

产后阴部须保持干爽，如厕后或清洁时，皆应由前（阴部）往后（肛门）擦拭，过度冲洗或使用特殊清洁液皆会影响酸碱值，反而让坏菌有机可趁，建议可适度补充益生菌或蔓越莓萃取物。

❽ 切勿长久站立、应绑束腹带

不要长时间站立或蹲坐，可搭配束腹带促进剖宫产的伤口愈合，也可预防子宫或周围脏器下垂，帮助恢复身材。

❾ 适量补充蔬菜、水果

坐月子期间的餐点多为药膳、食补，体质燥热者容易补过头产生上火或便秘，因此建议

每天都要有充足的蔬菜与水果，均衡饮食。

★适合的蔬菜：胡萝卜、菠菜、红凤菜、花椰菜、豆芽菜、山药、莴苣（莴笋）、豆荚类。

★适合的水果：葡萄，苹果、水蜜桃、龙眼、荔枝、枇杷、李子、酪梨、释迦、红毛丹、金桔、柳橙、榴莲。

⓾ 沐浴水可用药草或姜片煮过

坐月子初期擦澡的水可使用米酒、姜片煮热再加热水使用，也可使用专用的药草浴包来制成沐浴水。

产妇在坐月子期间的饮食注意

坐月子不一定要天天吃麻油鸡、麻油腰花等这类麻油类菜肴，要以能提供基本需求或补给哺乳所需的营养为原则，若过度摄取肉类、内脏类食材可能导致过多的热量或胆固醇，把握复原调理、温补药膳、均衡饮食、纾缓压力为原则佳。可参考以下几项重点选择饮食。

❶ 补充纤维质丰富的蔬果以及全谷类

例如，深绿色蔬菜、黄豆、黑豆、薏仁、糙米、五谷等。

❷ 多种且优质的蛋白质为主要来源

例如，鱼肉、鸡肉、海鲜、鸡蛋、豆腐、豆干。

❸ 避食材的选择最好都是来自天然食物，减少加工品、腌渍品

例如，罐头、酱菜、零食类点心。

❹ 烹调方式以减少过度动物脂肪，摄取适量的植物性不饱和脂肪酸为佳

例如，去皮食用、麻油、苦茶油、亚麻油、橄榄油搭配使用。

❺ 增加 DHA 与钙质的食物来源

例如，深海小型鱼、秋刀鱼、鳕鱼、三文鱼、牛奶、芝麻、坚果、海带、豆腐、豆干。

❻ 避免摄取刺激性的食物

例如，辣椒、浓茶、咖啡等。

❼ 哺乳的女性不建议随便进行减肥

依据个人情况调整适当饮食。

❽ 产妇不建议食用过度坚硬、烧烤、油炸食物

这类食物除了不好消化之外，容易造成上火，也容易有便秘或痔疮等问题。

坐月子期间常见的保健问题

坐月子时常常会听到婆婆妈妈们提到一些禁忌，或是一些经验，甚至是每个不同区域的人都有不同的坐月子习惯，究竟坐月子期间有什么特别需要注意的地方？是不是真的有很多事情不能做？别担心，以下提出坐月子期间产妇常遇到的问题，给读者们作为参考。

Q1: 产后一个月内不能洗头、洗澡，只能擦澡吗？

A1: 产后的10~14天建议用擦澡，等体力恢复较好后再开始沐浴。建议有空调冷气的房间，应先将空调关掉且最好房内有人陪伴，产妇洗澡时间不宜太久。大约2~3周后，再开始洗头较佳，最好在出浴室前先穿好衣物，头发务必擦干或吹干以免着凉。刚生产完不能洗头时，建议产妇可以利用酒精棉片等干洗头的方式来清洁头部。

Q2: 产妇的饮食不能加盐吗？

A2: 常听到老一辈的人说产妇在坐月子时的饮食不适合加盐，其实是有原因的，一般来说，怀孕期间有的孕妇在体内已经有水分滞留较多的问题了，如果在坐月子期间摄取过多盐分会加重水肿情形。但饮食中加适量的盐是可以的，不需完全无盐，但建议饮食上仍是以清淡为佳。

Q3: 坐月子不能喝白开水？

A3: 因为早先年代大部分的饮水都是来自井水，通常没有完全煮沸，所以才会有坐月子不能喝白开水的说法。其实主要的问题是因为以前的环境卫生比较差，若是直接饮用井水或生水，容易造成感染问题引发病症。现在则无此禁忌，只要是煮开的水都是可以饮用，但建议饮用温开水。

Q4: 生化汤要怎么喝？

A4: 不要以为生化汤要喝整个月，否则可能会有大量出血问题！特殊体质者，例如烦躁体虚者，当归和川芎用量应要略减，所以建议要经中医师辨证，以适合自己的药方为佳。生化汤主要的功效是活血化瘀，帮助子宫收缩、排出剩余的血块，也就是帮助排除恶露。要注意的是医生通常会开立子宫收缩剂，因此可先询问医生意见再斟酌服用；顺产者，大约喝5~7服；剖宫产者，排气后可进食才饮用，大约喝3~5服；小产者则建议喝1~3服。

Q5:坐月子一定要吃黑麻油吗？其他的油脂可以吗？

A5：麻油因含有不饱和脂肪酸，在体内代谢后会合成前列腺素，有助子宫收缩，只要可以补充必需脂肪酸的油脂皆可做为选择，因此多使用麻油或黑麻油，苦茶油也是不错的选择；再者因为餐点中若有较寒性的食材可相互协调，如果本身体质比较燥热，餐点可以苦茶油或其他油脂取代，或与麻油交替使用。

Q6: 乳腺发炎或阻塞怎么办？

A6：因乳腺炎发生原因很多，心理因素也可能会造成乳腺炎，如因为泌乳少而心急也会影响；生理上则大多跟卫生有关系，所以妈妈们要特别注意卫生问题，可以适度清洁，例如，帮宝宝换完尿布后要记得洗手再喂奶，也不要过度清洁乳头。万一发生乳腺炎，除了遵照医嘱之外，喂奶前先热敷，喂后再冰敷，也要记得放松心情，最好经过热敷、按摩，再继续哺乳。饮食切忌太过燥热，以清淡不刺激为原则。

Q7:传统月子餐的烹调方式都很油腻要怎么改善？

A7：除了减少油脂的使用量、选择较瘦的肉部位做为食材之外，也可以在吃肉时去皮或去除肥肉。建议可将麻油鸡或药膳汤上面的浮油捞起，于煮菜时使用，就不需额外添加油脂。除了药膳之外，蔬菜也要适量摄取，此外建议餐后固定食用水果也有助于去油解腻。

Q8:坐月子最好都卧床，尽量不出门是正确的吗？

A8：分娩时所耗费的体力、大量血液流失对产妇来说是相当大的耗损，所以才会有需要卧床多休息的说法，正确来说产妇应有充足睡眠、适度休息并放松心情，产后两周内可以多休息，如果没有特殊情形不需整天都躺着，安全、温和而且适度的活动反而是需要的，并非一定要躺在床上或是关在房间里，但30~50天当中尽量减少劳动，在家中活动散步即可。

Q9: 请问产后可以立即吃麻油鸡吗？

A9：产后第一周饮食以营养、温补为原则，所以建议添加麻油、米酒的菜于第二周再开始吃，而有伤口者则建议在没有发炎、红肿时才使用麻油、米酒来烹调食材，因为米酒会让伤口不易愈合，且燥热的麻油菜也不利伤口修护。

Q10:如果不方便自己烹煮，市售月子餐应该如何选择？

A10：在选择市售的月子餐应该特别注意下列几项重点：

1.要注意贩卖者的商誉是否良好。

2.注意厨房的卫生环境、烹煮过程的卫生安全。

3.食材使用的规格、是否通过相关机构的定期检验。

4.是否有食品安全卫生稽核人员。

5.食谱是否经合格有执照的营养师整合。

6.注意烹调过程使用的器具与盛装餐点所使用的器皿，若是使用塑胶类材质，容易造成塑化剂等毒素的残留。

Q11:坐月子其间是否需要补充维生素或保健食品，哺乳与不哺乳在营养上的补充是否有差别？

A11：哺乳妇女在热量、蛋白质、醣类、脂肪的摄取量比没有哺乳的妇女大约多了1.3倍的建议量，维生素与矿物质的部份也略为增加，如果餐点比较精简或茹素的产妇，通常还是可以补充复合维生素、钙质、不饱和脂肪酸（亚麻子或坚果）、MP大豆胜肽粉、益生菌等。重点是要记得看清楚商品的标示，以免有摄取过量的问题发生，千万不要道听涂说或一知半解地食用保健食品，最好在购买食用之前先咨询专业营养师的建议。

Q12: 哺喂母乳的好处？

A12：医学界发现，哺乳对母亲与婴儿的健康都有帮助，对宝宝来说母乳中的初乳含有抗体可提升免疫力，温暖的怀抱也有助于宝宝的身心正常发展；对母亲来说则可以帮助子宫收缩、减少热量囤积，有助维持身材。

Q13: 如果没办法哺乳又不想打退奶针，有哪些食材可以自然退奶？

A13: 除了减少喂奶与乳房护理、加强冰敷之外，用自然的食物来帮助退奶也很有成效，例如韭菜、麦芽水、麦茶、人参须茶、偏凉性的笋类。或者在煮麦芽水时加入金银花10克，约搭配1000~1200毫升水量。

Q14: 想增加母乳量除了养生药膳还可多补充什么？

A14: 除了可以饮用合格中医师建议的增乳茶或溢乳茶，如果气血不足、营养不均衡或荷尔蒙不足的妈妈，建议饮食中应多补充豆浆、豆腐等大豆制品，或是鸡蛋、山药、菠萝、木瓜、坚果类、胶质丰富的鸡爪或猪脚。

Q15: 坐月子期间只能喝一些中药的茶饮吗？

A15: 以中药材为主的养生茶饮主要是沿袭早先农业时代及中医观念，以现代角度来看，西洋的药草也可视情况搭配在月子期间饮用，例如，马鞭草、洋甘菊，也可以加点红枣、枸杞、洛神花、蔓越莓来调和。

Q16: 素食者在食材上该如何选择？

A16: 蛋奶素者建议多补充鸡蛋跟牛奶；如果是纯素者要强调选择优质的植物性来源的蛋白质，豆类、豆制品（豆腐、豆干、豆浆）含蛋白质较高的食材，以及菇类、全谷、坚果来增加多种蛋白质的来源。

Q17: 香港人坐月子常用的甜醋是什么？据说可以催乳？

A17: 甜醋在中国广东用于产后坐月子，做菜时多会与姜一起使用。姜可以怯寒，醋可帮助钙吸收，搭配猪脚或鸡蛋的丰富氨基酸而有助乳汁的分泌，可以直接或搭配黑米醋来炖汤（煲汤），取代乌醋跟糖的佐料或腌酱也可。加水饮用的酸甜口感也深受女性喜爱。

Q18: 剖宫产的伤口该如何保健？

A18: 出院后伤口保持干燥不要碰到水，如果觉得伤口很痒，用消毒过的棉花棒沾生理食盐水擦拭伤口周围即可。也可以贴美容胶带，让伤口愈合时不会出现较明显疤痕。饮食上可补充富含蛋白质、锌及维生素C帮助伤口愈合。

Q19: 小产与一般产后坐月子有何不同？需要特别注意什么？

A19：小产的原因很多，不论是自然、外力或人为等因素，所需要的休息与调养不亚于正常生产的需求，最好可以比照坐月子方式处理，第一周的饮食以补血养气、渐近式舒缓、解郁为原则。除了饮用生化汤之外，待恶露停止后接着用十全大补汤来调理，期间可饮用红枣杜仲茶、养生茶饮等，也可在饮食中补充一点坚果类，如腰果、核桃、杏仁等，坚果类算是油脂含量较高的食物，属性也偏燥热，补充时应注意食用量。

Q20: 产后月经何时会来？哺乳是否会影响卵巢的排卵功能？

A20：产后首次月经来的时间，会因妈妈是否哺乳而有所差异；哺乳的妈妈，因为血液中的泌乳激素升高，使卵巢对促性腺激素的反应降低，而造成暂停排卵，导致排卵期延长至25~27周或更慢。而未哺乳的妈妈，大约产后的6~10周就会排卵，开始月经周期。

Q21: 顺产的会阴伤口如何护理？该如何减轻会阴疼痛？

A21：顺产所造成的会阴部伤口大约2~3天会呈现肿胀的状态，通常不影响日常生活，但需要避免便秘的发生，以免因为过度用力而影响伤口愈合。更要注意保持干燥，以免影响阴道自净能力，建议可补充含有蔓越莓萃取物、葡萄籽萃取物、锌、菠萝酵素、维生素C复方成分的保健品。

Q22: 不坐月子是否容易有什么后遗症？

A22：大部分的西方人没有坐月子的传统，以中医的观点，生产时所耗费的体力精气在产后应调养气血，以达到养生防老的保健作用，所以还是有坐月子的必要。只要比较年长妇女有无坐好月子对身体状况反应，即可端倪出其中之差异。

Q23: 产后通常会有 1~3 天会待在医院，请问刚生产完饮食是否有特别需要注意的地方？

A23：饮食部分要特别注意餐点以温和、清淡、好消化为主，先不急着用麻油跟酒烹调的食物，建议以猪肝姜丝汤和苦茶油炒菜，另可搭配粥或红豆饭。产后1~3天产妇最容易发生的应该是水肿问题，建议多喝红豆水（红豆的比例为：红豆:水=1:3）或饮用养肝汤帮助消水肿。另外有的人会产生痔疮问题，所以要增加蔬果纤维跟水的摄取量，帮助排便顺畅。

Q24: 部分产妇坐月子时间超过30 天，请问过了 30 天后饮食上有需要特别注意的地方吗？

A24：以健康观点来看，无论是否需哺乳，营养师建议饮食仍以清淡、调味适中并且选用较佳的油品做搭配。每天的饮食也要多元化，例如，以全谷类取代大米，青菜、水果的分量要足够；而针对哺乳的妈妈，则建议要以优质蛋白来源的食材，如豆类、鱼类为佳；担心影响乳汁就避免食用过度辛辣、刺激的食物；习惯喝茶或咖啡的妈妈建议1天不超过1杯，并且选择有机无农药的茶、咖啡来源较佳。

生化汤

材料

当归	10克
川芎	5克
桃仁	3克
炮黑姜	1.5克
炙甘草	2克
益母草	10克

调料

米酒	1大匙

做法

❶ 将所有材料略洗净、沥干，备用。

❷ 取一锅，放入洗净的材料，加入调料和5碗水（材料外），煮至滚沸后改转小火，慢慢将水量煮至约2碗水，即可早晚饮用。

营养小叮咛

生化汤主要的功能为活血化瘀、温经止痛，通常在产后2～3天开始饮用，服用5～7服即可，主要是因为要帮助子宫收缩以排出分娩后剩余的血块组织等。特殊体质应请教中医师。

营养分析

热量116千卡
醣类31.5克
蛋白质1克
脂肪0克
膳食纤维0克

四物增乳茶

🥬 材料

A

当归	6克
熟地	10克
白芍	6克
川芎	6克
王不留行	10克
通草	6克
红枣	5粒
生姜	2片

B

水	2000毫升

📋 做法

1. 将所有材料A略洗净、沥干，放入锅中，再加入1000毫升的水，将水煮滚后以小火续煮约20分钟，熄火后倒出汤汁，保留药材。

2. 在保留的药材中加入1000毫升的水，再次煮滚后改转小火续煮约20分钟，再倒出汤汁。

3. 将做法1、2的药汁混合，早晚喝即可。

营养小叮咛

川芎可活血化瘀，可通达气血，搭配含有许多皂甘类的王不留行可促进乳汁分泌。本品提供给希望加强乳汁分泌量的妈妈。

坚果米糕

材料

长糯米	1杯
红葱头片	10克
腰果	20克
干香菇	2朵
油	3小匙
水	3/4杯

调料

酱油	2小匙
白糖	1/2小匙
白胡椒粉	1/4小匙

做法

1. 长糯米洗净，泡水4小时，沥干备用。

2. 干香菇泡发后洗净、切片；腰果洗净，浸水2小时，备用。

3. 热锅，倒入油爆香红葱头片，放入香菇片、腰果与长糯米炒香，再加酱油、白糖、白胡椒粉，拌炒均匀后移入电饭锅内锅加入3/4杯水，于外锅放1杯水（分量外），续焖约5分钟即可。

营养小叮咛　坚果类是种子自然含有多元的营养成分，如必需脂肪酸、维生素E，不但有助生长发育，更可以抗氧化帮助延缓老化。

营养分析

热量335千卡
醣类62克
蛋白质9克
脂肪5克
膳食纤维1克

五谷胚芽饭

🍚 材料

五谷米	1杯
胚芽米	1/3杯
水	1又1/3杯

营养分析

热量460千卡
醣类100克
蛋白质13.7克
脂肪0克
膳食纤维3.0克

🍴 做法

1. 将胚芽米、五谷米泡水约5～6小时后备用。
2. 将做法 1 的胚芽米、五谷米洗净后沥干。
3. 五谷米和胚芽米混合后放入电饭锅内锅中，加入水。
4. 将电饭锅内锅放入电饭锅中，于外锅加入1.5杯水（分量外），按下开关，煮至开关跳起后再焖约20分钟即可。

营养小叮咛

全谷类的食物可以提供较高的膳食纤维，产妇在坐月子餐点中多摄取，可以减少因为高蛋白、高油脂的药膳餐所造成便秘等问题。

1 2-1 2-2 3 4

茶油香椿饭

🥢 材料
米饭1碗，香椿叶10克，姜末5克，茶油2小匙，松子5克

🏺 调料
盐1/5小匙

🍲 做法
1. 香椿叶洗净，沥干后切细末。
2. 茶油跟姜末炒香后加入香椿叶末，随即放入白饭翻炒。
3. 接着放入松子拌炒均匀后，再加入盐调味拌匀即可。

营养分析

热量403千卡
醣类60克
蛋白质9克
脂肪13.5克
膳食纤维0.5克

营养小叮咛
香椿不但是景观植物树，其嫩叶可以当作食用蔬菜，做成拌酱或炒菜具有特殊香味，有助消化、促进食欲的作用，搭配松子炒成炒饭是一道滋养的主食。

紫米红豆饭

🥢 材料
紫米20克，红豆30克，薏仁20克，大米20克，水120毫升

🍲 做法
1. 紫米、红豆、薏仁皆洗净，泡水约5～6小时；大米洗净沥干，备用。
2. 将紫米、红豆、薏仁沥干，和大米一起放入电饭锅内锅中，再加入水。
3. 内锅放入电饭锅中，于外锅加入1.5杯水，按下开关，煮至开关跳起后焖约5分钟即可。

营养分析

热量315千卡
醣类67.5克
蛋白质9克
脂肪0克
膳食纤维5.2克

营养小叮咛
紫米、红豆都有丰富的蛋白质与矿物质，如铁可以补血，搭配薏仁于坐月子期间食用，也有助于减缓腿部肿胀感。

薏仁小米安神粥

材料
A 茯神10克，柏子仁10克，甘草3片，半夏10克
B 薏仁30克，小米20克，米饭25克，山药丁50克，滚水1000毫升

调料
米酒5毫升

做法
1. 小米、薏仁洗净，泡水约2小时。
2. 取1000毫升滚水将材料A煮约10～20分钟至再次沸腾，再捞除药材。
3. 将小米、薏仁和煮好的水一同放入电饭锅内锅中，外锅加入2杯水，煮至开关跳起。
4. 内锅置于火上，放入米饭和山药丁，煮成粥，最后放入米酒拌匀。

黑麻油面线

材料
面线30克，黑麻油10克，老姜3片，枸杞少许

做法
1. 老姜切丝；面线放入滚水中煮熟后捞起沥干水，备用。
2. 热锅，倒入黑麻油，放入老姜丝、枸杞炒香，再将煮熟的面线放入锅中拌匀即可。

营养小叮咛

此道餐点的黑麻油也可以用苦茶油替代，如果体质比较燥热的人可直接用茶油，以免上火。

黑麻油猪肝

🍴 材料

猪肝	300克
老姜	10克
黑麻油	2小匙
米酒	200毫升
葱段	10克

营养分析

热量773千卡
醣类6克
蛋白质62.4克
脂肪22.3克
膳食纤维0克

🍴 做法

1. 猪肝切斜薄片用水微冲洗；老姜切丝，备用。

2. 将猪肝片放入热水中略汆烫10秒钟，去除血水后沥干备用。

3. 热锅，倒入黑麻油，放入老姜丝爆香，再放入猪肝片，快速翻炒至八分熟后盛起。

4. 于锅中续放入米酒、葱段，待米酒煮沸再放猪肝略煮即可。

营养小叮咛
猪肝含有丰富的铁、锌、钙、磷与蛋白质、维生素A；但肝脏是代谢器官，不建议太常食用。月子期间大约每周吃1～2次，每次不超过30～50克。

西红柿猪肉丁

🍲 材料
瘦里脊肉丁200克，洋葱丁100克，蒜末10克，西红柿丁50克，苦茶油1小匙，水100毫升

🧂 调料
酱油1/2小匙

🍳 做法
1. 瘦里脊肉丁放入滚水中略汆烫后沥干，备用。
2. 热锅，倒入苦茶油，放入洋葱丁、蒜末爆香后，加入西红柿丁和瘦里脊肉丁翻炒均匀。
3. 续放入水和酱油，炒至水略收干即可。

营养分析

热量320千卡
醣类2克
蛋白质51克
脂肪6.4克
膳食纤维2克

营养小叮咛　西红柿的产地遍布世界各地，品种繁复，从原本的景观植物变成有益健康的抗氧化植物，搭配洋葱食用对增强免疫力更有帮助。

肉丝山苏

🍲 材料
山苏120克，瘦肉丝30克，丁香鱼干25克，豆豉5克，蒜末5克，苦茶油1小匙，水30毫升

🧂 调料
盐1/3茶匙

🍳 做法
1. 山苏洗净、切段；瘦肉丝放入滚水中汆烫沥干；丁香鱼干洗净，备用。
2. 热锅，加入苦茶油，放入蒜末爆香，加入瘦肉丝炒至肉反白，再加入丁香鱼干炒匀。
3. 于锅中续加豆豉与山苏段拌炒，再加入水，炒至汤汁略收干，起锅前加入盐调味即可。

营养小叮咛　山苏是蕨类植物，可当作景观植物或花材，含有丰富矿物质且是高纤蔬菜，烹调时可以添加老姜、蒜，以平衡其凉性。

营养分析

热量189千卡
醣类6.5克
蛋白质15.83克
脂肪11克
膳食纤维3克

黑麻油腰花

材料

猪腰	1个
老姜片	20克
黑麻油	4大匙

调料

盐	1/2小匙
米酒	300毫升

营养分析

热量1073千卡
醣类80克
蛋白质15克
脂肪62克
膳食纤维0克

做法

1. 猪腰剔除白筋，冲洗干净，于表面切出斜格状纹路，再切成小块。

2. 煮一锅水至滚，放入猪腰块，略为汆烫10秒去除血水，立即捞起沥干水，备用。

3. 热锅，倒入黑麻油，放入老姜片炒至略为卷曲，再放猪腰块，以大火翻炒至八分熟，加入米酒与盐煮至米酒滚即可。

营养小叮咛

生产时耗损大量的气血与体力，加上有哺乳的营养需求，所以需食用比较高热量、补血的食材，通常以肝、肾等食材为主，选择有来源证明或检验的内脏类食材为佳，多一份安心。

肉末炒菱角

材料
去壳菱角100克，猪绞肉30克，胡萝卜15克，蒜末5克，葱末5克，苦茶油1/2小匙，水150毫升

调料
酱油1/2小匙，米酒1/2小匙

做法
1. 去壳菱角洗净；胡萝卜洗净切丁。将菱角与胡萝卜丁一起放入滚水中余烫，约3分钟后捞起沥干，备用。
2. 将猪绞肉与调料混合拌匀，备用。
3. 热油锅，加入苦茶油，放入蒜末爆香，再放入备好的猪绞肉炒至肉反白，再加入菱角与胡萝卜丁，翻炒均匀后加入水、撒上葱末，炒至水收干即可。

营养分析
- 热量207千卡
- 醣类5克
- 蛋白质38克
- 脂肪3.5克
- 膳食纤维3克

营养分析
- 热量461千卡
- 醣类11克
- 蛋白质62.4克
- 脂肪22.3克
- 膳食纤维5克

木须肉丝

材料
里脊肉100克，黑木耳50克，胡萝卜50克，鸡蛋1个，葱2根，油2小匙

调料
盐1小匙，酱油1/2大匙，米酒1/2大匙

做法
1. 黑木耳和胡萝卜洗净，切丝；葱切段；鸡蛋打散成蛋液，备用。
2. 将里脊肉切粗丝，加入1/2大匙的酱油和1/2大匙的米酒抓拌均匀，略为腌渍。
3. 热油锅，倒入1小匙的油，放入蛋液，拌炒均匀至约八分熟成炒蛋后取出，备用。
4. 续于锅中，倒入1小匙的油，放入黑木耳丝、胡萝卜丝和里脊肉丝拌炒均匀。
5. 锅中续放入炒蛋、葱段和盐，拌炒均匀即可。

蒜泥白肉

材料
瘦五花肉　300克
姜片　　　10克
蒜末　　　30克

调料
酱油　　　1小匙

营养分析

热量1125千卡
醣类4克
蛋白质41克
脂肪105克
膳食纤维0克

做法

① 瘦五花肉洗净，放入滚水中氽烫，沥干备用。

② 另备一锅水放入姜片煮沸后，放入瘦五花肉待煮沸后，改转小火续煮约20~30分钟。

③ 熄火加盖焖约10分钟，再将瘦五花肉捞起，待凉后切薄片。

④ 食用时可搭配混合均匀的蒜末和酱油。

营养小叮咛　　五花肉的选择可以挑选不要过多肥肉，本菜建议给比较瘦弱且乳汁不足的妈妈，若真的担心热量过多，就把脂肪部分去除不吃。

干煎猪排

材料

猪里脊肉片200克，油4小匙，低筋面粉少许，白芝麻少许，蒜10克

调料

酱油1小匙，米酒1/2小匙

做法

① 猪里脊肉片略洗净，双面皆用刀背拍打断筋；蒜拍碎，备用。

② 将瘦里脊肉与蒜、调料抓匀，腌渍约1小时备用。

③ 腌渍好的瘦里脊肉片稍微沥干，双面均匀地沾裹上一层薄薄的低筋面粉

④ 热锅，倒入油，放入瘦里脊肉片，以小火慢慢将双面煎至略呈金黄色，再撒上白芝麻，煎熟即可。

红烧肉末豆腐

材料

瘦肉末100克，豆腐1块，红葱头末30克，蒜末10克，葱末15克，水200毫升

调料

酱油1大匙

做法

① 豆腐以滚水汆烫后，切丁备用。

② 热锅，将蒜末、瘦肉末与红葱头末一起下热锅拌炒，炒至肉变白。

③ 再放入豆腐丁、水和酱油，慢慢翻拌均匀后煮滚，撒入葱末拌一下即可。

营养小叮咛

豆腐对于纯素食者来说营养价值相当于肉类，豆腐含有蛋白质、钙、镁等，都是人体必需的营养素，如果觉得豆腐偏凉性，也可以先以油煎到微黄或加入姜、蒜一起烹煮。

豉汁排骨

🌱 **材料**

小排骨300克,豆豉30克,蒜10克,姜5克,葱末微量

🍴 **调料**

蚝油1小匙,米酒1小匙,白胡椒粉适量

🍲 **做法**

❶ 将蒜和姜切成末,备用。

❷ 将小排骨清洗干净,放入滚水中氽烫去除血水,再捞起沥干,备用。

❸ 将小排骨、豆豉、蒜末、姜末和调料充分抓匀,腌渍约30分钟。然后放入蒸碗中,再放入电饭锅,于外锅加入1杯水,盖上锅盖、按下开关。

❹ 待开关跳起后撒上葱末搅拌均匀,再焖约20分钟即可。

土豆炖肉

🌱 **材料**

土豆100克,胡萝卜70克,洋葱片100克,猪里脊肉片200克,苦茶油1/2小匙,水300毫升

🍴 **调料**

酱油1小匙

🍲 **做法**

❶ 将土豆、胡萝卜洗净,去皮后切成滚刀块,再蒸熟,备用。

❷ 猪里脊肉片洗净,放入滚水迅速氽烫至表面变白后捞起沥干,备用。

❸ 热锅,倒入苦茶油,放入洋葱片炒香,再加入备好的土豆、胡萝卜和猪里脊肉片翻炒均匀。

❹ 续放入水和酱油,煮滚后转小火,再焖煮约10~15分钟即可。

花生东坡肉

材料

五花肉	200克
花生仁	50克
葱段	10克
老姜片	3片
水	700毫升

调料

酱油	1大匙

营养分析

热量1085千卡
醣类2克
蛋白质45克
脂肪91克
膳食纤维3.6克

做法

1. 花生仁洗净，泡水约5小时，备用。
2. 五花肉切大块，洗净，绑上棉绳。
3. 将五花肉放入滚水中氽烫去除血水，再捞起沥干，备用。
4. 再将五花肉、泡好的花生仁和其余材料皆放入锅中，煮滚后改转小火，续煮约1小时至五花肉熟透且入味即可。

营养小叮咛 花生上的皮膜含有丰富的抗氧化物，有助于降低血液黏稠度，本道菜肴非常适合乳汁量比较少的妈妈来食用，丰富的蛋白质与脂肪对于制造乳脂有帮助，担心太油可将表层浮油捞起以降低油腻。

红烧小排

材料

小排骨	200克
胡萝卜	100克
西蓝花	50克
干香菇	5~8朵
老姜片	5克
油	5毫升
水	200毫升

调料

酱油	2大匙
白糖	1/2大匙
老醋	1大匙
米酒	1/2大匙

营养分析

热量655千卡
醋类7克
蛋白质47克
脂肪31克
膳食纤维3克

做法

1. 小排骨洗净，放入滚水中汆烫去除血水后捞出沥干水，备用。

2. 胡萝卜去皮切滚刀块；西蓝花洗净，去除粗丝后切小朵，与胡萝卜一起放入滚水中汆烫约1分钟，再捞起沥干，备用。

3. 将香菇洗净泡200毫升的水，沥干后斜对切，香菇水保留，备用。

4. 热锅，倒入油，放入老姜片爆香，再放入香菇略翻炒后加入小排骨与香菇水。

5. 续将胡萝卜块、西蓝花和所有调料放入，以中火煮滚，再煮至汤汁收干即可。

营养小叮咛

很多排骨会用油炸的方法来做，这样会增加油脂的摄取也造成过多热量，如果感觉月子期间肉类摄取过多，可以杏鲍菇或豆干取代小排骨。

黑麻油炒羊肉

🫕 材料

羊肉片	200克
芥蓝	100克
老姜丝	10克
黑麻油	1小匙
水	50毫升

🧂 调料

盐	1/4小匙
米酒	10毫升

营养分析

热量475千卡
醣类4克
蛋白质40克
脂肪5.6克
膳食纤维1.9克

🍳 做法

1. 芥蓝洗净，去除粗丝后切段，备用。

2. 羊肉片略洗净，放入滚水中汆烫10秒后捞起沥干水，备用。

3. 热锅，倒入黑麻油，放入老姜丝煎至微黄且有香味，先放入芥蓝梗略炒，再放入水与芥蓝叶，翻炒至约六分熟。

4. 于锅中续放入羊肉片和米酒，以大火快炒至熟后加入盐拌匀即可。

营养小叮咛　　羊肉主要可以补气养血，女性平日多食会发现有助于经期的稳定，坐月子期间更适合运用在餐点中，怕有腥膻味者可选择脂肪少的瘦肉部位。

绍兴醉鸡

🥬 材料
去骨鸡腿1支，葱段15克，姜片10克，当归10克，枸杞2小匙，棉绳1条

🍶 调料
盐1/3小匙，绍兴酒200毫升

🍲 做法
❶ 鸡腿洗净，以刀背略拍松断筋，再均匀地抹盐后以棉绳捆绑成卷，放入电饭锅中蒸至熟，取出放凉。

❷ 煮一锅水至滚（材料外，水量以可淹过鸡腿为主），放入葱段、姜片、当归和枸杞，盖上锅盖，以大火煮至沸腾后熄火冷却。

❸ 将鸡腿和绍兴酒放入做法2的汤汁中，再置于冰箱冷藏大约1~2天即可食用。

三杯鸡

🥬 材料
土鸡腿1支，洋葱片30克，蒜5瓣，老姜片5片，罗勒叶20片，黑麻油1大匙，水150毫升

🍶 调料
白糖1小匙，米酒15毫升，酱油1/2大匙

🍲 做法
❶ 土鸡腿洗净、切块，放入滚水中汆烫，再捞起沥干，备用。

❷ 热锅，倒入黑麻油，放入拍破的蒜与老姜片，炒至老姜片呈微卷曲，再放入土鸡腿块翻炒。

❸ 续加入洋葱片炒香，再放入所有调料与水翻炒均匀，炒至汤汁收干时熄火，加入罗勒叶拌匀即可。

洋葱鸡肉丁

🌱 材料

鸡胸肉120克，蒜末10克，洋葱丁80克，鲜香菇丁60克，松子15克，欧芹末少许，油1小匙，水100毫升

🧂 调料

盐1/4小匙

🍲 做法

1. 鸡胸肉洗净切丁，放入滚水中略余烫，再捞起沥干，备用。
2. 热锅，倒入油，放入蒜末和洋葱丁炒香，加入鸡胸肉丁翻炒数下，再加入水与鲜香菇丁，拌炒至熟。
3. 起锅前放入松子、欧芹末和盐，翻炒均匀盛盘即可。

营养分析

热量373千卡
醣类10克
蛋白质33克
脂肪13克
膳食纤维1克

营养分析

热量398千卡
醣类9.5克
蛋白质30克
脂肪28克
膳食纤维5克

杏鲍菇炒鸡片

🌱 材料

杏鲍菇片100克，鸡肉片150克，姜末10克，洋葱片50克，胡萝卜片25克，苦茶油1/2小匙

🧂 调料

米酒1小匙，盐1/4小匙，水适量

🍲 做法

1. 鸡肉片洗净，过热水略余烫，捞起沥干备用。
2. 热锅，倒入苦茶油，加入姜末和洋葱片爆香，再放入杏鲍菇片、胡萝卜片炒香。
3. 续加入鸡肉片和所有调料，将所有材料以大火翻炒均匀且炒熟即可。

营养小叮咛

杏鲍菇其肉质丰厚，口感似鲍鱼，除了蛋白质、独特多醣有助于增强体力，更含有丰富的膳食纤维，很适合产妇食用。

113

香卤土鸡腿

材料
土鸡腿1支，蒜3瓣，姜片5片，水300毫升

调料
酱油1大匙，八角1/2颗

做法
1. 土鸡腿洗净、切块，放入滚水中汆烫，再捞起沥干；蒜压碎，备用。
2. 将所有材料一起下锅，煮滚后以小火续煮约20~30分钟至土鸡腿块入味即可。

营养小叮咛 坐月子期间所食用的鸡肉可以选择母的土鸡或乌骨鸡，在挑选时以肉质有弹性、肉色粉红有光泽、毛孔明显、鸡冠淡红色者为佳。

葱烧鸡

材料
鸡肉1/2只，葱段20克，蒜片30克，油1/2小匙，水300毫升

调料
酱油1大匙，米酒100毫升

做法
1. 鸡肉洗净、切块，放入滚水中汆烫，再捞起沥干，备用。
2. 热锅，倒入油，加入葱段和蒜片爆香，放入鸡肉块，翻炒几下后加入水，炒至水滚。
3. 续加入所有调料拌匀，煮至汤汁收干即可。

营养小叮咛 很多人买青葱时都会把葱绿的部分舍弃，或是吃葱时只吃葱白的部分舍弃葱绿，殊不知葱绿其实含有很多抗氧化与营养的成分，一起食用较营养。

花菇炒海参

🍲 材料

花菇	3~4朵
海参	1尾
甜豆	50克
胡萝卜片	50克
姜末	10克
葱段	10克
黑麻油	1小匙
水	100毫升

🍶 调料

盐	1/4小匙
酱油	1小匙

📋 做法

❶ 花菇洗净泡发；海参去内脏后洗净，切斜片；甜豆洗净，去头尾和粗丝，备用。

❷ 热锅，倒入黑麻油，加入姜末、葱段爆香，放入花菇翻炒，再加入胡萝卜片炒至熟。

❸ 续放入甜豆、水与所有调料，炒至水分微收后放入海参片，炒至海参片微缩水且汤汁收干即可。

营养小叮咛　海参是高蛋白低脂肪的食材，跟其他海产类相比，其胆固醇含量很低，菇类也是蛋白质高的食材，对于产后需要补充较多蛋白质又不希望有过多热量的产妇是很好的选择，素食者也可以黑木耳取代海参。

1　2　3　4　5

香炒鱼干

材料
丁香鱼干25克，豆干100克，蒜末10克，葱末10克，苦茶油1小匙，水100毫升

调料
白糖1/4小匙，盐1/4小匙

做法
1. 丁香鱼干洗净，泡水约5分钟后捞起沥干水分；豆干洗净，氽烫后切薄片，备用。
2. 热锅，先将丁香鱼干煸炒干，再加入白糖，炒至白糖融后起锅盛盘。
3. 热锅，倒入苦茶油，爆香蒜末，放入豆干片炒至微黄，再放入丁香鱼干、水和盐，撒入葱末翻炒均匀即可。

三鲜豆腐

材料
花枝1/4尾，鲜虾5尾，海参1/2尾，传统豆腐50克，老姜片5克，黑麻油1小匙，水100毫升，罗勒叶适量

调料
米酒1小匙，盐1/2小匙

做法
1. 花枝洗净，表面切花后切斜薄片；鲜虾去壳和肠泥，放入滚水中迅速氽烫后捞出，沥干备用。
2. 海参去内脏洗净切斜片；豆腐切长方小块，备用。
3. 热锅，倒入黑麻油，加入老姜片炒至微卷曲后放入海参块、豆腐块与水略炒，待汤汁略干后加入花枝片和鲜虾翻炒至熟，再加入调料和罗勒叶拌炒均匀即可。

金沙中卷

🍲 材料

中卷	1尾
胡萝卜泥	50克
姜末	5克
蒜末	5克
苦茶油	1/2小匙

🧂 调料

盐	1/4小匙
米酒	5毫升

📋 做法

❶ 中卷洗净，去除内脏和薄膜后切成圈状。

❷ 将中卷圈放入滚水中汆烫约10秒，再捞起沥干，备用。

❸ 热锅，倒入苦茶油，加入姜末、蒜末爆香后放入胡萝卜泥炒香，再放入中卷圈、米酒和盐，翻炒均匀即可。

营养小叮咛　　中卷、花枝、章鱼、小卷等都是高生物价蛋白质与牛磺酸来源的食物，对产后哺乳的妈妈希望增加乳汁可以多食用，烹调方法建议都要经由姜、蒜来搭配，除了可以去腥，也可调和食物寒凉属性。

炒蟹肉

材料
蟹腿肉200克，鸡蛋1个，蒜末、姜末各10克，洋葱丁50克，黑麻油1小匙

调料
盐1/2小匙，米酒1/2大匙

做法
1. 蟹腿肉放入滚水中，快速汆烫后捞起沥干水，备用。
2. 将鸡蛋打匀成蛋液，放入盐、米酒与蟹肉，搅拌均匀。
3. 热锅，倒入黑麻油，加入蒜末、姜末爆香后，放入洋葱丁炒香，再放入做法2的材料，拌炒至熟即可。

营养分析
热量322千卡
醣类22克
蛋白质35.8克
脂肪10克
膳食纤维1克

清炒花枝

营养分析
热量206千卡
醣类4克
蛋白质22克
脂肪6克
膳食纤维1.5克

材料
花枝1尾，葱1根，胡萝卜片50克，姜末5克，黑麻油1小匙

调料
盐1/2小匙，米酒1大匙

做法
1. 葱洗净、切段，分葱白和葱绿；花枝去内脏后洗净，表面切花后斜切小片，放入滚水中汆烫，捞起沥干备用。
2. 热锅，倒入黑麻油，加入姜末爆香，再放入胡萝卜片以及葱白翻炒至熟后，放入花枝片拌炒均匀。
3. 于锅中续放入葱绿及所有调料，拌炒均匀后盛盘即可。

红糟鳕鱼

材料

鳕鱼	1片
姜片	15克
姜末	5克
葱末	10克
蒜末	5克
苦茶油	1/2大匙

调料

红糟酱	1大匙
米酒	1大匙

营养分析

热量378千卡
醣类2克
蛋白质25克
脂肪30克
膳食纤维0克

做法

1. 将鳕鱼的鱼鳞以刀背刮净，再洗净沥干，备用。

2. 将鳕鱼与姜片、1小匙的米酒（分量外）腌渍约15分钟，再放入蒸盘上，放入电饭锅，于外锅加入1/2杯水，蒸至开关跳起。

3. 热锅，倒入苦茶油，放入姜末、蒜末爆香后加入红糟酱炒匀，再加入1大匙的米酒、葱末炒匀后熄火，即为红糟酱。

4. 取出蒸好的鳕鱼，挑除姜片，在鳕鱼上淋上红糟酱即可（或另外装盘以沾酱方式取用）。

营养小叮咛　红糟是做红曲酒的副产品，属于增添风味的添加物，通常被拿来做成红糟鸡、红糟肉 等。市面上的保健食品"红曲"因可降低胆固醇而大量宣传，要注意的是发酵过程中是否产生过多曲霉素，养生不成反而造成肝脏负担！

法式三文鱼

材料
三文鱼200克,洋葱丝30克,蒜片5克,欧芹末适量

调料
黑胡椒粉适量,盐1/4小匙

做法
1. 三文鱼洗净,双面均匀地抹上盐,静置15~20分钟。
2. 热锅不放油,放入三文鱼,待鱼油冒出后放入洋葱丝、蒜片,将三文鱼的两面煎熟,再撒上欧芹末和黑胡椒粉即可。

营养小叮咛　ω-3脂肪酸对人体有很多益处,可降低胆固醇、清血、减少心血管疾病,更有助于记忆力的稳定,对于喝母乳宝宝的脑部发展也有帮助。建议产妇每周可食用2~3次的三文鱼、鲔鱼、鲭鱼、沙丁鱼。

营养分析
热量452千卡
醣类25克
蛋白质40克
脂肪21克
膳食纤维0.5克

清蒸黄鱼

营养分析
热量337千卡
醣类8克
蛋白质58克
脂肪8克
膳食纤维0.5克

材料
黄鱼300克,老姜10克,葱2根,黑麻油1/2小匙

调料
盐1/4小匙,米酒10毫升

做法
1. 黄鱼去除鳞、鳃、内脏后洗净;老姜洗净切丝;葱洗净切丝。将黄鱼放入水滚的蒸锅中,蒸约10分钟后熄火,撒上葱丝。
2. 热锅,加入黑麻油,爆香老姜丝后熄火,再加入调料拌匀后盛出,淋在蒸好的黄鱼上即可。

营养小叮咛　黄鱼肉质细致鲜甜,含有丰富蛋白质、矿物质对于生长发育都有帮助,其脂肪含量较低,不用担心过多的油脂负担,中小型鱼通常适合清蒸或油煎。

鲜蚵豆腐

材料
老豆腐1块（约100克），鲜蚵100克，姜末、蒜末各10克，豆豉2小匙，葱末15克，黑麻油1/2小匙，水50毫升

调料
米酒30毫升

做法
1. 老豆腐洗净，放入滚水汆烫后捞起沥干、切小丁，备用。
2. 鲜蚵去除碎壳后洗净再沥干，备用。
3. 热锅，倒入黑麻油，放入蒜末、姜末和豆豉爆香，再放入豆腐丁略翻炒。
4. 锅中加入水，煮滚后加入鲜蚵，接着加入米酒，待汤汁微收后撒入葱末即可。

腰果虾仁

材料
腰果15克，虾仁5尾，干香菇3朵，蒜末5克，葱段10克，油1小匙

调料
米酒5毫升，盐1/4小匙

做法
1. 将干香菇洗净，泡发后沥干、切丁，保留香菇水，备用。
2. 热锅，倒入油，放入蒜末和腰果炒香，再放入香菇丁炒香。
3. 续放入虾仁翻炒后加入香菇水30毫升，炒至水收干后加入葱段、调料，拌炒均匀即可。

营养小叮咛
虾仁中的优质蛋白质跟坚果类的必须脂肪酸及矿物质都是有助于人体的组织建构所要的基本营养元素。

三鲜蒸蛋

材料

文蛤5颗，透抽1/4尾，鲜虾3尾，鸡蛋2个，水150毫升

调料

盐1/4小匙，酱油1/2小匙

做法

1. 文蛤泡水静置吐沙，再将外壳洗净。
2. 透抽切圈，放入滚水中略氽烫约10秒，立即捞起沥干水，备用。
3. 鲜虾洗净，放入滚水中略氽烫至变色，捞起沥干后去头与壳，备用。
4. 鸡蛋打入蒸碗中，均匀打成蛋液，再加入水、盐和酱油，搅拌均匀后放入备好的文蛤、透抽和鲜虾。
5. 将蒸碗摆入电饭锅中，于外锅加入1/2杯水，待电饭锅跳起后续焖约5~10分钟即可。

蒜蓉虾

材料

鲜虾6尾，蒜末30克，姜片、姜末、葱末各10克

调料

米酒10毫升

做法

1. 鲜虾剪去尖头、须与脚，从背部划开但不切断，去除肠泥后洗净，以米酒、姜片腌渍约8~10分钟，备用。
2. 将鲜虾沥干，排放在蒸盘上，在虾肉上摆上蒜末和姜末。
3. 再将蒸盘摆入水滚的蒸锅中，以大火蒸约6分钟，再趁热撒上葱末即可。

炒红苋菜

🍚 材料
红苋菜100克，老姜10克，水200毫升，黑麻油5克

🍶 调料
盐2克

🍲 做法
1. 红苋菜洗净、切段；老姜洗净，切末，备用。
2. 热锅，以黑麻油将老姜末煎至微黄，再放入红苋菜段翻炒。
3. 锅中接着加入水，待水滚后加入盐翻炒均匀即可。

营养分析

热量63千卡
醣类4克
蛋白质1克
脂肪5克
膳食纤维2.2克

营养小叮咛　　苋菜分为绿跟红色两品种，紫红色的苋菜在营养价值上比白或绿苋菜较高，也含有较高的铁质，据卫生署的食品营养成分查询差异达2.7倍。

炒地瓜叶

🍚 材料
地瓜叶100克，蒜1瓣，苦茶油5克，水200毫升

🍶 调料
盐2克

🍲 做法
1. 地瓜叶洗净、切段；蒜切末，备用。
2. 热锅，以苦茶油将蒜末略煎至微黄，放入地瓜叶段翻炒。
3. 锅中接着加入水，待水滚后加入盐翻炒均匀即可。

营养小叮咛　　深绿色蔬菜除了纤维质、叶绿素更含有丰富的叶酸、铁质、维生素A，例如，芥蓝菜、地瓜叶、菠菜、油菜等。月子期间应该要多补充深绿色蔬菜，以免肉类吃过多，造成纤维素的不足。

营养分析

热量75千卡
醣类4克
蛋白质3.3克
脂肪5克
膳食纤维3.1克

炒川七

材料
川七100克，老姜10克，黑麻油5克，水200毫升

调料
盐2克

做法

❶ 川七洗净；老姜切末，备用。

❷ 热锅，以黑麻油将老姜末煎至微黄，再放入川七翻炒。

❸ 锅中接着加入水，待水滚后加入盐翻炒均匀即可。

营养分析

热量57千卡
醣类1.2克
蛋白质1.6克
脂肪5克
膳食纤维1.7克

营养小叮咛

川七俗名洋落葵、藤三七，建议产妇在恶露结束后再食用，孕妇则少量食用，特殊黏液跟皇宫菜和秋葵一样有较多的水溶性膳食纤维，可帮助排便。

炒红凤菜

材料
红凤菜100克，老姜10克，黑麻油5克，水200毫升

调料
盐2克

做法

❶ 红凤菜洗净、切段；老姜洗净、切丝，备用。

❷ 热锅，以黑麻油将老姜丝煎至微黄，再放入红凤菜段翻炒。

❸ 锅中接着加入水，待水滚后加入盐翻炒均匀即可。

营养小叮咛

很多老一辈的人说红凤菜不能晚上食用，以中医观点来看多数蔬菜皆属凉性，建议在白天食用，通常以姜、蒜爆炒可以平衡，就无此顾忌。

营养分析

热量70千卡
醣类4克
蛋白质0.6克
脂肪5克
膳食纤维3.1克

清炒莴苣

🍲 **材料**

莴苣100克，老姜10克，黑麻油5克，水50毫升

🧂 **调料**

盐2克

🍳 **做法**

❶ 莴苣洗净、切段；老姜切丝，备用。

❷ 热锅，以黑麻油将老姜丝煎至微黄，再放入莴苣段翻炒。

❸ 锅中接着加入水，待水滚后加入盐翻炒均匀即可。

营养小叮咛

莴苣是菊科植物，是莴苣的一种又称鹅仔菜，能提高食欲、帮助生长，哺乳期的妇女多吃有助于泌乳，挑选时以深绿色较佳，因其营养素含量较高。

清炒菠菜

🍲 **材料**

菠菜150克，老姜10克，苦茶油5克，水50毫升，枸杞少许

🧂 **调料**

盐少许

🍳 **做法**

❶ 菠菜洗净、切段；老姜切丝，备用。

❷ 热锅，放入苦茶油把老姜丝略煎到微黄，再放入菠菜段，以大火翻炒均匀，加入水、枸杞和盐，炒至汤汁略收即可。

营养小叮咛

深绿色蔬菜除了纤维质、叶绿素更含有丰富的叶酸、铁质、维生素A，例如，芥蓝菜、地瓜叶、菠菜、油菜等，月子期间应该要多补充深绿色蔬菜，以免肉类吃过多，造成纤维素的不足。

什锦鲜蔬

📋 材料

胡萝卜	30克
土豆	50克
洋葱	30克
秋葵	3支
豆干	50克
水	300毫升
油	1小匙

🧂 调料

盐	1/4小匙
米酒	50毫升

营养分析

热量181千卡
醣类13克
蛋白质17克
脂肪6.6克
膳食纤维3克

📖 做法

1. 胡萝卜洗净、切丁；土豆去皮切小块，与胡萝卜一起放入滚水中汆烫约1分钟，捞起沥干，备用。
2. 秋葵洗净，放入滚水中汆烫杀青，再捞起沥干水，切小段，备用。
3. 洋葱切末；豆干切丁，备用。
4. 热锅，倒入油将洋葱末炒香，加入做法1的材料、豆干丁和秋葵段翻炒均匀。
5. 续放加入水和米酒，待水滚后加入盐，炒至水分略收干即可。

营养小叮咛　土豆虽是淀粉类，也含有氨基酸、膳食纤维，容易有饱足感，只要注意不以油炸方式来烹调是不易造成肥胖的，在欧洲常连皮食用，可改善消化不良，但是外皮若有发芽发青，则需去除后食用。

芝麻四季豆

材料

四季豆100克，蒜片适量，白芝麻1/2小匙，苦茶油 1小匙，水100毫升

调料

盐少许

做法

1. 四季豆洗净，去头尾及粗丝后切段，放入滚水中略汆烫约1分钟，再捞起沥干，备用。
2. 热锅，倒入苦茶油，放入蒜片爆香，再加入四季豆段，翻炒均匀后加入水煮滚。
3. 接着加入盐、撒上白芝麻后拌炒均匀即可。

营养小叮咛 四季豆算是营养素高的蔬菜，除了纤维质，更含有氨基酸等，也是蛋白质来源的食材，对于产后坐月子也是相当适合。

甜豆胡萝卜

材料

甜豆100克，胡萝卜50克，水150毫升，黑麻油1小匙

调料

盐1/2小匙

做法

1. 甜豆洗净，去头尾和粗丝；胡萝卜洗净、切片，备用。
2. 热锅，倒入黑麻油，再加入甜豆、胡萝卜片，翻炒均匀后加入水煮滚。
3. 接着加入盐后拌炒均匀即可。

营养小叮咛 豆荚类的营养素都比叶菜类多且丰富，如叶绿素、叶酸、蛋白质以及纤维素，对于要加强造血、补血的女性是很好的营养来源。

松子甜椒洋菇

营养分析

热量224千卡
醣类4.5克
蛋白质5克
脂肪12克
膳食纤维2.3克

材料
洋菇100克,红甜椒50克,黄甜椒50克,松子2小匙,黑麻油1小匙,姜末10克

调料
盐1/4小匙,黑胡椒粉1/4小匙,米酒50毫升

做法
1. 将红、黄甜椒洗净去蒂后切丁,放入滚水中汆烫1分钟,再沥干备用。
2. 洋菇洗净后切丁,放入滚水中汆烫1分钟,再沥干备用。
3. 热锅,倒入黑麻油,爆香姜末,放入做法1的红、黄甜椒丁,再放入洋菇丁与米酒翻炒均匀。
4. 续放入松子、盐、黑胡椒粉调味拌匀即可。

毛豆玉米胡萝卜

材料
毛豆50克,玉米粒50克,胡萝卜丁30克,油1小匙,水50毫升

调料
盐少许

做法
1. 将毛豆、玉米粒和胡萝卜丁放入滚水中,略汆烫后捞起沥干水,备用。
2. 热锅,倒入油,加入毛豆和胡萝卜丁,拌炒至八分熟时加入玉米粒,翻炒均匀。
3. 于锅中续加入水和盐拌炒均匀,再炒至水分略收即可。

营养小叮咛
胡萝卜的维生素A、玉米的玉米黄质、毛豆的蛋白质、钙质,对于产妇来说除了帮助乳汁的营养补充,更可以保护眼睛。

营养分析

热量93.5千卡
醣类5.5克
蛋白质2克
脂肪7克
膳食纤维4克

营养分析

热量72千卡
醣类8.1克
蛋白质5.6克
脂肪2.6克
膳食纤维2.5克

双色花菜

🥗 材料

西蓝花	100克
菜花	100克
胡萝卜	30克
蒜片	10克
苦茶油	1/2大匙
水	200毫升

🥣 调料

盐	1/4小匙

📋 做法

1. 西蓝花、菜花洗净、去皮和粗梗，再切成小朵；胡萝卜洗净切片，备用。

2. 西蓝花、菜花、胡萝卜片放入滚水中汆烫1分钟，再捞起沥干备用。

3. 热锅，以苦茶油将蒜片爆香，放入汆烫好的材料翻炒均匀，再加入水和盐，炒至水滚且所有材料熟即可。

营养小叮咛

十字花科蔬菜除了丰富的维生素A，还含有丰富的碘有助于维持正常生长、发育、神经肌肉的功能，更含有多种远离癌症发生的健康元素，如芳香异硫氰酸盐。

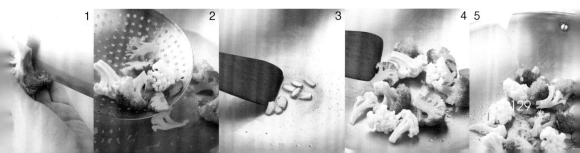

罗勒炒蛋

🌱 材料
鸡蛋2个，老姜丝10克，黑麻油1小匙，罗勒叶适量

🧂 调料
酱油少许，米酒1小匙

🍳 做法
① 热锅，倒入黑麻油，放入老姜丝煎至略卷曲。
② 再打入整颗蛋，将两面煎熟后加入米酒与罗勒叶略煮即可熄火。

营养分析

热量214千卡
醣类0.5克
蛋白质14克
脂肪17克
膳食纤维1克

营养小叮咛　这道菜除了做为产妇月子期间的补品，还建议体质偏寒或经常感到四肢冰冷的女性在月经结束时可以食用，罗勒有补气行血、祛风散瘀的功用。

营养分析

热量120千卡
醣类7克
蛋白质74克
脂肪5克
膳食纤维3克

酱香茄子

🌱 材料
茄子150克，猪肉末50克，姜末5克，蒜末5克，油1小匙，罗勒10克

🧂 调料
酱油1/2小匙，米酒1/2小匙

🍳 做法
① 茄子段入沸水中汆烫约十分钟，捞起沥干。
② 热锅，倒入油，加入姜末、蒜末爆香，再放入猪肉末炒至肉反白，接着放入烫好的茄子段，翻炒均匀。
③ 锅中再加入调料翻炒均匀，起锅前放入罗勒略翻炒即可。

营养小叮咛　茄子含有丰富的花青素，也是一道抗氧化蔬菜，挑选时以外型长度一致，尾端不要过度膨大，外皮光滑表示新鲜为佳。

双葱煎豆腐

🌱 材料
豆腐2块（约200克），葱、洋葱各15克，红甜椒20克，黑麻油1/2大匙

🍶 调料
盐少许

🍲 做法
❶ 豆腐切厚片，抹上少许盐； 葱洗净后切段；洋葱洗净切丝；红甜椒洗净切丝。

❷ 热锅，倒入黑麻油，放入豆腐，将一面煎熟后加入洋葱丝和葱段，翻面后加入红甜椒丝，将所有材料煎熟后加入少许盐调味即可。

营养小叮咛
豆腐是很好的蛋白质与钙质来源，经常有人认为吃太多豆腐会结石，结石与体质有关，再者是水喝得太少。豆腐属凉性，建议可在热黑麻油时放些姜末来平衡。

西红柿玉米蛋

🌱 材料
西红柿1个，玉米粒2大匙，鸡蛋2个，葱花10克，苦茶油1小匙

🍶 调料
盐1/4小匙

🍲 做法
❶ 西红柿洗净、去蒂后切丁；鸡蛋打散至起泡，备用。

❷ 热锅，加入1/2小匙的苦茶油，放入西红柿丁，翻炒至半熟后放入玉米粒拌炒。

❸ 将鸡蛋液均匀倒入锅中后，从锅边淋入1/2小匙的苦茶油，撒上葱花，再将蛋煎熟即可。

营养小叮咛
西红柿属性较冷，经过热炒或与姜、蒜同时拌炒可调和属性。此道菜含有茄红素和玉米黄质，有助于抗老化、增加纤维质的来源。

热量315千卡
醣类50克
蛋白质3.8克
脂肪10.6克
膳食纤维2克

双色山药香菇丁

🍲 材料
白山药丁、紫山药丁各50克，鲜香菇丁15克，胡萝卜丁15克，老姜末5克，黑麻油2小匙，水100毫升

🍶 调料
酱油1/4小匙

🍳 做法
❶ 热锅，倒入黑麻油，放入老姜末爆香，再加入鲜香菇丁和胡萝卜丁，拌炒均匀至半熟。
❷ 锅中续放入白、紫山药丁、水和盐，拌炒至水收干即可。

营养小叮咛 山药是一种滋补强身、养颜美容的保养圣品，黏液中所含有的皂苷可帮助荷尔蒙的分泌，产妇可搭配药膳更有养生食疗作用。

秋葵香菇

🍲 材料
秋葵8支，鲜香菇5朵，蒜末5克，苦茶油1小匙，水50毫升，红辣椒丝（装饰用）少许

🍶 调料
盐1/4小匙

🍳 做法
❶ 秋葵洗净切斜薄片；鲜香菇洗净切薄片。
❷ 热锅，倒入苦茶油，加入蒜末爆香，加入秋葵片翻炒均匀后加入水。
❸ 续放入鲜香菇片炒熟，再加入盐拌匀后盛盘，摆上红辣椒丝装饰即可。
注：红辣椒为装饰，并不食用。也可不加。

营养小叮咛 秋葵有丰富的蛋白质、叶酸、矿物质，跟香菇（含有维生素D）搭配食用，除了纤维质丰富之外，对于产妇的营养补充算是极佳的选择。

热量121千卡
醣类12.5克
蛋白质5.5克
脂肪5.1克
膳食纤维2.8克

蜜黄豆

🍲 材料
黄豆	100克
水	200毫升
油	1小匙

🧂 调料
白糖	30克
盐	1/4小匙

🍳 做法
1. 黄豆洗净后泡水约6小时，再沥干备用。
2. 将黄豆、200毫升的水放入电饭锅中，外锅加2杯水，蒸至开关跳起后再焖5分钟。
3. 热锅，倒入油，放入做法2的黄豆和水翻炒。
4. 再放入白糖跟盐，拌炒到黄豆略带黏稠感即可。

营养分析
热量430千卡
醣类32克
蛋白质35克
脂肪20克
膳食纤维14.5克

营养小叮咛
黄豆是非常好的植物性蛋白质来源，含有钙、铁、卵磷脂，特别是异黄酮对于女性是相当滋养的食材，不少文献发现可降低乳腺癌、前列腺癌的发生，产后多补充豆浆、豆腐等也有益增加乳汁分泌。

药膳排骨汤

🍲 材料

大排骨	400克
十全大补药包	1包
水	400毫升

🍶 调料

米酒	200毫升

营养分析

热量430千卡
醣类32克
蛋白质35克
脂肪20克
膳食纤维14.5克

🍳 做法

❶ 大排骨洗净，放入滚水中汆烫去除血水，再捞起沥干，备用。

❷ 将大排骨和其余材料放入电饭锅内锅中，再放入电饭锅，于外锅加入1.5杯水，盖上锅盖、按下开关。

❸ 煮至开关跳起后，再于外锅加入1/2杯水，焖煮至开关再次跳起即可。

营养小叮咛　十全大补汤所含有的药材温和补气血，能增加免疫力，肉桂可以怯寒帮助循环，虚弱体质者或常四肢冰冷者可多食。食材中的排骨也可换为鸡爪或鸡翅膀；虚火或感冒者不建议食用。

花生猪脚汤

🥗 材料
猪蹄	1只
花生	50克
水	500毫升

🥄 调料
盐	1/3小匙

🌿 药材
王不留行	15克
当归	5克

营养分析

热量951千卡
醣类0克
蛋白质65克
脂肪75克
膳食纤维1.9克

📋 做法

1. 猪蹄洗净后放入滚水中汆烫,再刮除细毛、洗净;花生泡6小时,备用。
2. 将药材与花生洗净,放入电饭锅内锅中,再放入猪蹄块,于外锅加入2杯水,盖上锅盖、按下开关。
3. 煮至开关跳起后加入盐拌匀,再焖5~10分钟即可。

注:汆烫时可加入少许姜片去腥。

营养小叮咛　哺乳妈妈最困扰的问题就是乳汁不足,其实不用太担心,以免造成压力,只要放松心情、多补充蛋白质丰富的食物,如花生、猪脚,另外再搭配有通乳作用的中药材就很有帮助。

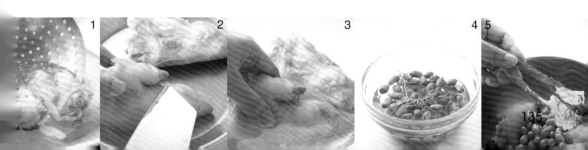

黑豆莲子排骨汤

营养分析

热量568千卡
醣类30克
蛋白质44克
脂肪29克
膳食纤维3.6克

材料

黑豆20克，莲子20克，小排骨200克，老姜片10克，热水700毫升

调料

盐1/3小匙

做法

❶ 黑豆和莲子洗净，分别浸泡约5小时，沥干备用。

❷ 排骨洗净，放入滚水中汆烫去除血水，再捞起沥干，备用。

❸ 将所有材料一同放入电饭锅内锅中，于外锅加入1.5杯水，盖上锅盖、按下开关。

❹ 煮至开关跳起后加入盐拌匀，再焖约5~10分钟即可。

青木瓜排骨汤

营养分析

热量440千卡
醣类30克
蛋白质30克
脂肪21克
膳食纤维4克

材料

青木瓜1条（约300克），排骨200克，黄豆20克，老姜片3片，水700毫升

调料

盐1/2小匙，米酒1大匙

做法

❶ 排骨洗净，放入滚水中汆烫去除血水，再捞起沥干，备用。

❷ 黄豆洗净，泡水约5小时，备用。

❸ 青木瓜洗净，去皮、去籽后切块。

❹ 将所有的材料和米酒放入电饭锅内锅中，再放入电饭锅，于外锅加1.5杯水，盖上锅盖、按下开关。

❺ 待开关跳起后加入盐拌匀，再加盖焖约5~10分钟即可。

西洋参肉汤

材料
腰内肉150克，老姜10克，热水400毫升

调料
盐1/3小匙

药材
西洋参6克，红枣5颗

做法
1. 腰内肉洗净切片；老姜切片，备用。
2. 红枣和西洋参先用400毫升的热水泡约15分钟，老姜片一同入锅煮沸后，再放入腰内肉片，煮约2~3分钟即可。

营养小叮咛
西洋参含有皂苷、多醣类、氨基酸，在中药材中属于上品，适合过度燥热的人食用，由于坐月子期间的餐点多为搭配黑麻油，此道汤品因加入了西洋参可平衡餐点的燥热。

四神瘦肉汤

材料
小里脊肉80克，薏仁30克，水500毫升

药材
伏苓20克，淮山20克，莲子30克，芡实20克，当归3克

调料
盐1/3小匙

做法
1. 小里脊肉切丁；薏仁洗净，泡水约5个小时；所有药材略洗净，备用。
2. 将薏仁、水和所有药材放入电饭锅内锅中，再放入电饭锅，于外锅加入1.5杯水，盖上锅盖、按下开关。
3. 煮至开关跳起后，放入小里脊肉丁，于外锅再加1/2杯水，煮至开关再度跳起后加盐拌匀调味即可。

当归羊肉汤

🥘 材料
带骨羊肉400克，米豆50克，麻油1大匙，姜片15克，水800毫升

🧂 调料
米酒200毫升

🌿 药材
当归5克，黄芪30克，党参10克

🍲 做法
1. 羊肉切块，洗净以滚水汆烫后捞起沥干，备用。
2. 米豆洗净，浸泡约5小时，备用。
3. 姜片先用麻油炒至微卷曲，再放入羊肉块炒香，接着加入水和所有药材和米豆、米酒，煮至水滚沸后，改转小火煮约1小时即可。

猪肝汤

🥘 材料
猪肝200克，老姜丝10克，黑麻油1小匙，葱花5克，水400毫升

🧂 调料
盐1/4小匙，米酒2大匙

🍲 做法
1. 猪肝切薄片洗净，加入1大匙米酒拌匀腌渍去腥。
2. 将水煮滚，加入老姜丝、猪肝片，再加入1大匙米酒煮滚且将猪肝煮熟。
3. 最后加入盐拌匀调味，洒入黑麻油、葱花略煮即可熄火。

营养小叮咛　产后第一周食用猪肝汤可以帮助恶露排出，猪肝主要含有维生素A、铁，通常也建议在生理期的前1~2天食用。

烧酒鸡

🍽 **材料**
鸡肉1/2只，老姜片20克，水300毫升

🫙 **调料**
米酒400毫升

💊 **药材**
川芎10克，黄芪10克，当归3克，枸杞10克，桂枝7克

🍲 **做法**
① 鸡肉洗净，放入滚水氽烫，再捞起沥干备用。
② 取锅，放入洗净的药材、老姜片、水及米酒煮滚，再放入鸡肉煮滚，改转小火煮约20~30分钟即可。

营养小叮咛　烧酒鸡的药材主要的功效在于帮助循环、促进新陈代谢，天气寒冷时饮用可以温补祛寒，气虚贫血者适合饮用。

四物鸡汤

🍽 **材料**
土鸡肉1/2只，姜片10克，水600毫升

🫙 **调料**
米酒300毫升

💊 **药材**
何首乌10克，熟地5克，黄芪10克，杜仲10克，当归7克，黑枣6颗，枸杞5克

🍲 **做法**
① 土鸡肉洗净切块，放入滚水中氽烫，再捞起沥干备用。
② 所有药材略洗净后备用。
③ 将所有药材、水、米酒及土鸡肉块放入电饭锅内锅中，再放入电饭锅中，于外锅加入1.5杯水，盖上锅盖、按下开关。
④ 煮至开关跳起后再焖约5~10分钟即可。

麻油鸡

🥘 材料

鸡肉	1/2只
老姜片	8片
黑麻油	1小匙

🧂 调料

盐	1/4小匙
米酒	800毫升

📋 做法

① 鸡肉洗净切块，放入滚水中汆烫，再捞起沥干备用。

② 热锅，倒入黑麻油把老姜片煎至微黄，再放入鸡肉块，炒至鸡肉块变白且香味散出。

③ 锅中接着放入米酒，以小火煮约30分钟，最后再以盐调味即可。

营养分析

热量455千卡
醣类0克
蛋白质46克
脂肪25克
膳食纤维0克

营养小叮咛　黑麻油的营养成分主要有不饱和脂肪酸以及钙、磷、铁，产后哺乳的产妇可多食，体质燥热者可酌量。

药膳乌骨鸡汤

🌱 材料

乌骨鸡腿	1只
老姜片	5片
水	400毫升

🧂 调料

米酒	300毫升

🍵 药材

炙甘草	10克
熟地	5克
黄芪	10克
杜仲	10克
当归	5克
白芍	10克
红枣	5颗
人参	3克
茯苓	10克

📋 做法

1. 乌骨鸡腿洗净切块，放入滚水中氽烫去除血水，再捞起沥干备用。
2. 所有药材略洗净后备用。
3. 将洗净的药材、米酒、水、老姜片和鸡肉块放入电锅，于外锅加入1.5杯水，盖上锅盖、按下开关。
4. 待开关跳起后，继续焖约5～10分钟即可。

营养小叮咛　产妇通常因为分娩的压力，身体的气血会比较虚弱，容易有出汗或四肢冰冷现象产生，适量饮用本道汤品有助补中益气，对人参有质疑者可换成五味子，一样可达滋养强壮之效。

营养分析

热量584千卡
醣类19克
蛋白质35克
脂肪4克
膳食纤维1克

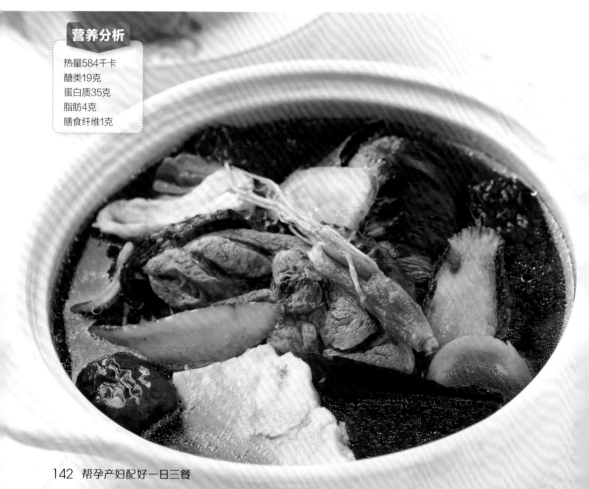

清炖鱼汤

🌿 材料
红条鱼350克，老姜丝10克

🧂 药材
茯苓7克，白术7克

🧂 调料
盐1/4小匙，米酒30毫升

🍲 做法
1. 红条鱼去除鳞片后洗净，再对切成两大块。
2. 将药材以10碗水（材料外）煮至约剩7～8碗水后放入做法1的鱼肉。
3. 再加入老姜丝，以小火焖煮5～10分钟，再放入盐和米酒调味即可。

营养分析

热量290千卡
醣类1.5克
蛋白质60克
脂肪10克
膳食纤维0.2克

营养小叮咛
白术与伏苓有助于元气充裕、健脾气清的作用，适合产妇在心神上较不安定时的保养。

黑麻油鱼汤

🌿 材料
海鲈鱼1尾，老姜片5片，黑麻油1/2小匙，水600毫升

🧂 药材
当归1片，黄芪5克

🧂 调料
肉桂粉、盐各少许

🍲 做法
1. 将海鲈鱼的鱼鳞、鱼鳃、内脏去除，彻底洗净，斜切成2段，备用。
2. 当归、黄芪洗净，备用。
3. 将当归、黄芪和水加入锅中，一起煮滚。
4. 取锅，以麻油将老姜片爆香，再放入海鲈鱼肉，以小火将双面煎约2～3分钟。将热汤倒入锅中，待再次煮沸后加入盐跟肉桂粉即可熄火。

营养分析

热量275千卡
醣类1.5克
蛋白质45克
脂肪15克
膳食纤维0.2克

药膳虾

材料
鲜虾6尾，老姜丝20克

药材
枸杞10克，川芎10克，黄芪10克，当归3克，红枣3颗

调料
米酒200毫升

做法
① 鲜虾洗净，剪去尖头、须后备用。
② 所有药材略冲洗后备用。
③ 取锅，锅中放入药材、老姜丝及米酒，煮滚后以小火煮约15分钟，再放入鲜虾，煮至熟即可。

营养分析

热量337千卡
醣类0克
蛋白质20.6克
脂肪0.3克
膳食纤维0.4克

营养分析

热量235千卡
醣类0.4克
蛋白质14克
脂肪17克
膳食纤维0.3克

麻油蛋包汤

材料
鸡蛋2个，老姜丝10克，当归3克，枸杞5克，黑麻油1小匙，滚水250毫升

调料
米酒20毫升

做法
① 热锅，以黑麻油把老姜丝煎香，再加入滚水、当归和枸杞。
② 将鸡蛋打入滚水中成蛋包，煮熟后加入米酒即可。

营养小叮咛
鸡蛋的蛋白是生物利用率高的蛋白质，蛋黄中含有卵磷脂、维生素等营养。鸡蛋造成的胆固醇问题，不如担心肉类中饱和脂肪在血脂肪与胆固醇的影响，减少食用鸡蛋跟降低胆固醇并没有直接关系，已经由国外不少研究证实。

八宝粥

材料

圆糯米	30克
红豆	30克
薏仁	30克
花生仁	20克
桂圆肉	30克
花豆	20克
雪莲子	20克
珍珠薏仁	30克
水	850毫升

药材

白术	10克
党参	10克
芡实	20克

调料

冰糖	2大匙
米酒	80毫升

做法

1. 圆糯米洗净沥干；所有药材略洗净沥干，备用。

2. 红豆、薏仁、花生仁、花豆、雪莲子和珍珠薏仁洗净后浸泡3～5小时，再沥干备用。

3. 桂圆肉略洗净后，以米酒浸泡约30分钟备用。

4. 将做法1、2的材料和水放入电饭锅内锅中，再放入电饭锅，于外锅加入2杯水，盖上锅盖，煮至开关跳起后焖约5分钟。再加入桂圆肉（连米酒），外锅再加1杯水，盖上锅盖，续煮至开关跳起后加入冰糖拌匀，食用时挑除芡实以外的中药即可。

营养小叮咛
八宝粥内含有多种谷类，红豆、花豆、薏仁都具有帮助水分代谢、缓和调理、美颜活肤的作用，适量补充可达养生保健之效。

营养分析

热量775千卡
醣类120克
蛋白质20克
脂肪10克
膳食纤维3克

山药桂圆粥

🥣 材料

紫山药	30克
桂圆肉	30克
红枣	5颗
米饭	1/2碗
水	600毫升

营养分析

热量248千卡
醣类56克
蛋白质6克
脂肪0.3克
膳食纤维1.5克

📋 做法

❶ 桂圆肉洗净；紫山药洗净去皮切丁，备用。

❷ 红枣洗净，与白饭、桂圆、紫山药丁和水一起放入电饭锅内锅中拌匀，于外锅加入1/2杯水，盖上锅盖，按下开关煮约5～10分钟即可。

营养小叮咛

山药又称淮山或山芋，除了蛋白质、粘多醣，丰富的植物性荷尔蒙是身体组织修护的营养来源，也经常当做药材。

花生薏仁小米粥

材料
花生	60克
薏仁	100克
小米	100克
水	400毫升

调料
冰糖	1大匙

营养分析

热量728千卡
醣类120克
蛋白质16克
脂肪18克
膳食纤维4克

做法
1. 花生、薏仁、小米洗净后，泡水约2小时，备用。
2. 将泡好的食材和水放入内锅中，再将内锅放入电饭锅，于外锅加入1/2杯水，盖上锅盖、按下开关，待开关跳起后再加入冰糖拌匀调味，焖约5~10分钟即可。

营养小叮咛

花生含丰富蛋白质、卵磷脂、矿物质，是理想的营养食材，花生仁外的皮膜含有抗氧化的成分，对于末梢循环的保养有些微的帮助。

酒酿汤圆

材料
小汤圆40克，甜酒酿1大匙，鸡蛋1个，水400毫升

调料
红糖适量

做法
1. 将小汤圆放入滚水中煮至熟，再将小汤圆捞起沥干备用。
2. 另取一锅，放入水煮滚，将鸡蛋打入水中，煮成蛋包，待水再次沸腾时加入甜酒酿和小汤圆后熄火，最后加入红糖调味即可。

营养小叮咛

糯米经过发酵后的酒酿含有丰富的益菌、维生素，有助于平衡肠胃菌相；寒性偏冷体质者，食用可以帮助循环，促进新陈代谢。

营养分析

热量286千卡
醣类35克
蛋白质10克
脂肪5克
膳食纤维0克

雪莲子红豆汤

材料
雪莲子100克，花豆50克，红枣3颗，水400毫升

做法
1. 雪莲子、花豆洗净后，泡水2小时，备用。
2. 红枣洗净，备用。
3. 将雪莲子、花豆、红枣和水放入电饭锅内锅中，再将内锅放入电饭锅中，于外锅加1/2杯水，盖上锅盖按下开关，煮至开关跳起再焖5～10分钟即可。

营养小叮咛

雪莲子又称鹰嘴豆或埃及豆，在中东国家食用相当普遍，含丰富植物性蛋白质，是素食者摄取蛋白质极佳的来源，也含有丰富的维生素，如叶酸，很适合女性食用。

营养分析

热量556千卡
醣类102.5克
蛋白质24.6克
脂肪5克
膳食纤维5.5克

红糖木耳甜汤

🍲 材料

MP大豆胜肽

蛋白粉	20克
白木耳	5克
水	500毫升

🍶 调料

红糖	适量

📖 做法

❶ 将白木耳洗净去蒂泡软，与水放一起放入电饭锅中蒸煮，再放凉备用。

❷ 将白木耳与MP大豆胜肽蛋白粉一同放入果汁机打匀，确认甜度后再依喜好添加红糖。

注：MP大豆胜肽蛋白粉请咨询药店购买。

> **营养小叮咛**
>
> 胜肽是由3～10个氨基酸组成，黄豆经由酵素水解后的大豆胜肽分子小容易吸收，建议选用含凤梨酵素、薏仁粉、乳清蛋白、麸酰胺胜肽的复方大豆胜肽，更有助于调节生理机能。

1   2   3

4   5

地瓜山药甜汤

🥗 材料
地瓜100克，紫山药50克，白山药50克，老姜片10克，水450毫升

🧂 调料
冰糖1大匙

🍳 做法
1. 地瓜与紫、白山药削去外皮、洗净，切滚刀块。
2. 将做法1的材料放到内锅或蒸碗，内锅不加水，外锅放2杯水，将地瓜块与紫、白山药块蒸熟。
3. 将水中放入老姜片煮沸，加入冰糖煮至冰糖溶化后成糖水，再放入做法2的地瓜块与紫、白山药块拌匀即可。

营养分析

热量134千卡
醣类29.5克
蛋白质1.6克
脂肪0克
膳食纤维1.8克

营养分析

热量180千卡
醣类45克
蛋白质2克
脂肪0克
膳食纤维2克

南瓜甜汤

🥗 材料
南瓜150克，老姜15克，水350毫升

🧂 调料
红糖1大匙

🍳 做法
1. 南瓜洗净、切块；老姜洗净、切片备用。
2. 取锅，加入水、南瓜块和老姜片，煮至南瓜变软后再加入红糖拌匀调味即可。

营养小叮咛

南瓜含丰富的β-胡萝卜素、氨基酸、维生素，在产妇或孕妇饮食上的营养补给并不亚于肉类，建议连籽一起食用。

亚麻立沛饮

🥄 材料

MP大豆胜肽蛋白粉20克，亚麻子10克，苹果50克，水400毫升

🍴 做法

1. 苹果洗净，切丁。
2. 将其余材料和苹果丁一起放入果汁机中，搅打均匀即可。

注：MP大豆胜肽蛋白粉请咨询药店购买。

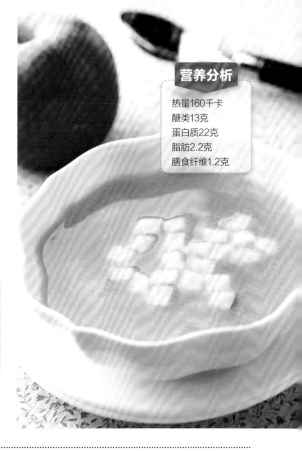

营养分析

热量160千卡
醣类13克
蛋白质22克
脂肪2.2克
膳食纤维1.2克

营养小叮咛　亚麻子含有丰富的ω-3脂肪酸和木酚素，素食者营养补充的好选择，更是抗氧化的好帮手；必需脂肪酸搭配大豆胜的优质蛋白质，有助于哺乳的充沛。

营养分析

热量495千卡
醣类40克
蛋白质14克
脂肪31克
膳食纤维1.5克

芝麻糊

🥄 材料

黑芝麻50克，亚麻子粉10克，糙米饭1/2碗，水600毫升

🍴 调料

白糖2大匙

🍴 做法

1. 黑芝麻洗净、沥干，放入锅中以微火炒香，注意勿烧焦。
2. 将炒香的芝麻放凉，再与亚麻子粉、糙米饭和600毫升的水放入果汁机中，搅打均匀后倒入锅中，以小火边煮边搅拌，煮滚后再加入白糖即可。

营养小叮咛　黑芝麻含蛋白质、芝麻素、钙质、铁，是营养相当高的滋补圣品，经常食用对于延缓老化、维持肌肤光滑细致都有帮助。

紫米桂圆糕

材料

黑糯米1/2杯，长糯米1/2杯，桂圆干15颗，枸杞5克，水600毫升

调料

红糖4大匙

做法

1. 将黑糯米和长糯米分别洗净，黑糯米浸泡8~10小时；长糯米洗净浸泡1~2小时。

2. 桂圆干略洗净；枸杞洗净，备用。

3. 将做法1、做法2的材料和水放入电饭锅内锅中混合拌匀，再将内锅放入电饭锅，于外锅加入约1杯水，盖上锅盖、按下开关。

4. 煮至开关跳起后，将红糖趁热加入翻搅均匀，即为紫米桂圆糕。待冷却后切块食用即可。

黑麻油桂圆干

材料

桂圆肉150克，老姜丝15克，黑麻油2小匙

做法

1. 热锅，倒入黑麻油，放入老姜丝以微火拌炒至姜丝略卷曲。

2. 加入桂圆肉拌炒均匀至黑麻油略收干即可。

营养小叮咛

此甜点属性比较温热，建议微量分次食用，以避免大量食用上火，燥热体质可将麻油改为茶油，或可改用金枣干来取代龙眼。

红枣桂圆茶

材料

红枣8颗，桂圆15克，枸杞5克，水1000毫升

做法

❶ 将红枣、桂圆和枸杞洗净、沥干，放入锅中，再加入水。

❷ 煮滚后随时饮用即可。

营养分析

热量95千卡
醣类23克
蛋白质1.3克
脂肪0克
膳食纤维1.9克

营养小叮咛

桂圆中蔗糖、氨基酸、磷、铁、钙等含量都很丰富，另据《本草纲目》记载，桂圆有益心脾、补血的功效，适合贫血、气虚或手脚冰冷者食用。

养肝汤

材料

红枣7颗，五味子5克，水500毫升

做法

❶ 将红枣和五味子略洗净、沥干，放入锅中，再加入水。

❷ 煮滚后随时饮用即可。

营养小叮咛

红枣性甘温、无毒，具有安神养肝、舒肝解郁的功效，经常被加入药性较强烈的方剂中，以调和药性，补中益气。

营养分析

热量40千卡
醣类15克
蛋白质0.5克
脂肪0克
膳食纤维1.5克

热量35千卡
醣类15克
蛋白质0.1克
脂肪0克
膳食纤维0克

杜仲水

材料
杜仲15克，枸杞5克，水1000毫升

做法
1. 将杜仲和枸杞洗净，放入锅中，再加入水。
2. 煮滚后随时饮用即可。

营养小叮咛

杜仲可补肝肾、益精气、强筋骨，《神农本草经》记载，久服能轻身不老，用于腰背痛、阴部湿痒等，为坐月子或生理期后惯用药材。饮用上若感觉较苦，可添加红枣。

红糖姜母茶

材料
老姜150克，水800毫升

调料
红糖5大匙

做法
1. 老姜洗净，切小段后拍破。
2. 取一锅，加入水，放入老姜和红糖，将水煮滚后即可随时饮用。

营养小叮咛

老姜可以帮助出汗、止血、去风，老祖宗常用于抑止腹痛呕吐、畏寒，老姜和红糖一起熬煮成姜母茶，是冬天常见的热饮，最好吃几片老姜更有帮助。

营养分析

热量290千卡
醣类74克
蛋白质0克
脂肪0克
膳食纤维0克

姜母部分
热量53千卡
醣类1.6克
蛋白质11.6克
脂肪0克
膳食纤维3.4克

溢乳饮

材料
通草5克，当归2克，川芎5克，甘草2克，水800毫升

做法
❶ 将通草、当归、川芎和甘草洗净、沥干，放入锅中，再加入水。
❷ 煮滚后随时饮用即可。

营养小叮咛
通草在《神农本草经》的记载功效为通乳，搭配有助行气的川芎与补血的当归更可以改善产后诸症。

营养分析
热量12千卡
醣类13克
蛋白质0克
脂肪0克
膳食纤维0克

营养分析
热量24千卡
醣类56克
蛋白质0克
脂肪0克
膳食纤维0克

黑豆茶

材料
黑豆150克，水500毫升

做法
❶ 黑豆洗净后沥干水，再放入干净的炒锅中，以小火慢慢翻炒，不可炒焦。
❷ 炒好的黑豆放凉后放入密封罐保存。
❸ 取30～50克黑豆放入锅中，加入500毫升的热水煮开后即可饮用。

营养小叮咛
黑豆在中医认为黑者入肾，肾掌管生长发育，与肾经相关如腰酸、下肢冰冷都有帮助；更含有蛋白质、维生素E、矿物质以及对女性有帮助的异黄酮。

山楂陈皮茶

营养分析

热量15千卡
醣类23克
蛋白质0克
脂肪0克
膳食纤维0克

材料
山楂10克,陈皮10克,益母草10克,水1000毫升

做法
① 山楂、陈皮和益母草略洗净后沥干,备用。
② 取一锅,加入1000毫升水和做法1的药
材,煮沸再以小火煮10分钟即可。

营养小叮咛　益母草为妇产科常用药,故名益母,含生物碱可以刺激子宫收缩,以及多种微量元素对于女性产后修补相当有益。

营养分析

热量15千卡
醣类16克
蛋白质0.1克
脂肪0克
膳食纤维0克

冬虫夏草茶

材料
甘草5克,枸杞5克,冬虫夏草菌丝体10克,水800毫升

做法
① 将甘草、枸杞略洗净后沥干,备用。
② 取一锅,加入甘草、枸杞、800毫升水,煮至水滚后再放入冬虫夏草菌丝体即可。

营养小叮咛　真正的冬虫夏草子实体皆为野生,但因环境被人类破坏,加上寄生条件严格,因此更是珍贵,当然价格相对不菲。其功效调节免疫、抗疲劳。建议可选择经过检验机构验证其基因序列与野生株接近的菌丝体来使用。

营养分析

热量20千卡
醣类22克
蛋白质0.7克
脂肪0克
膳食纤维1.5克

红枣参芪茶

材料

红枣8颗，人参片5克，黄芪10克，枸杞10克，水1000毫升

做法

❶ 红枣、人参片、黄芪和枸杞略洗净，沥干水后备用。

❷ 将洗净的材料放入锅中，再加入水，煮至水滚后即可。

营养小叮咛

红枣、人参片、黄芪此三项药材都属于温和补品，皆可补养安神、滋润身体，平日饮用也可以滋补强身，增加身体的抵抗力。

牛蒡茶

材料

红枣8颗，牛蒡100克，枸杞5克，水1200毫升

做法

❶ 将红枣和枸杞略洗净后沥干水；牛蒡去皮、切片，备用。

❷ 将红枣和枸杞牛蒡片放入锅中，再加入水，煮至水滚后即可。

营养小叮咛

牛蒡含氨基酸、矿物质（锌、铁、碘、镁）、膳食纤维与菊糖，对于肠胃等消化系统有帮助，也对于利水、减少烦燥都有帮助。

营养分析

热量40千卡
醣类12克
蛋白质0.7克
脂肪0克
膳食纤维1.5克

丽水茶饮

营养分析

热量10千卡
醣类20克
蛋白质0.2克
脂肪0克
膳食纤维0克

🌿 **材料**

五加皮10克，地骨皮10克，生姜皮10克，水1200毫升

🍵 **做法**

① 将五加皮、地骨皮和生姜皮略为洗净，沥干水后备用。

② 取一锅，加入水和洗净的材料，煮至水滚后改转小火，将水煮到约剩800毫升即可。

营养小叮咛

五加皮有强筋、活血的效用，和地骨皮一样可去邪、清热，消除口渴、帮助排尿，水分滞留明显者或感觉舌头较红、舌苔较多者可饮用。

营养分析

热量10千卡
醣类22克
蛋白质0克
脂肪0克
膳食纤维0克

逍遥饮

🌿 **材料**

半夏10克，紫苏10克，甘草5克，生姜5片，水600毫升

🍵 **做法**

① 将半夏、紫苏和甘草洗净、沥干，备用。

② 取一锅，加入水、洗净的材料和生姜片，煮至水滚后即可。

营养小叮咛

半夏味辛性温、能燥能润；紫苏可理气、镇定，搭配甘草本品即为一舒缓放松的纾压饮品，适合有产后忧郁倾向的产妇。